소품 한쪽 얼굴 빼꼼

치치레의 와글와글 동물 자수

소품 한쪽 얼굴 빼꼼

치치레의 와글와글 동물 자수

—

2017년 3월 31일 1판 1쇄 인쇄
2017년 4월 10일 1판 1쇄 발행

—

지은이 치치레
옮긴이 최수진
감수자 판다언니
펴낸이 이상훈
펴낸곳 책밥
주소 03986 서울시 마포구 동교로23길 116 3층
전화 번호 070) 7882-2312
팩스 번호 02) 335-6702
홈페이지 www.bookisbab.co.kr
등록 2007.1.31. 제313-2007-126호

—

기획·진행 박미정
디자인 디자인허브

—

ISBN 979-11-86925-17-1 (14590)
정가 15,000원

—

책밥은 (주)오렌지페이퍼의 출판 브랜드입니다.

이 도서의 국립중앙도서관 출판예정도서목록(CIP)은 서지정보유통지원시스템 홈페이지(http://seoji.nl.go.kr)와 국가자료공동목록시스템(http://www.nl.go.kr/kolisnet)에서 이용하실 수 있습니다.(CIP제어번호: CIP2017007918)

소품 한쪽 얼굴 빼꼼

치치레의 와글와글 동물 자수

치치레 지음 | 최수진 옮김 | 판다언니 감수

책밥

머리말

흔히 자수 하면 스티치의 종류가 워낙 많아서 완벽하고 꼼꼼한 성격에나 어울리는 취미라고 생각하기 쉽지만 지레 겁낼 필요 없습니다. 이 책은 가장 기본적인 7가지 스티치와 이를 바탕으로 발전시킨 응용 스티치 4가지, 조금은 까다롭고 지루해 보일 수 있는 면적을 보다 손쉽게 수놓는 4가지 자수방법으로 그림을 그리듯 면적을 채워 나갑니다. 그래서 어떤 규칙에 따라 '자수를 놓는다'기보다는 편안하고 자유롭게 '그림을 그리는' 듯한 자수 책에 가깝습니다.
저 또한 규칙이나 속박을 꽤나 싫어하기 때문에 특정 스티치 방법에 매이기보다는 편하게 즐기면서 자수를 하고 있습니다. 그러다 보니 자연스럽게 기존의 스티치를 제게 맞게 변형하기도 하고 여러 가지 스티치를 자유롭게 섞어 사용하기도 합니다.

이 책은 먼저 21개의 귀엽고 아기자기한 동물 얼굴을 수놓은 후 각종 리스와 모자, 코르사주 등을 수놓아 동물 얼굴과 함께 장식하는 순으로 꾸며졌습니다. 동물 얼굴을 수놓고 장식하는 데 어느 정도 익숙해졌다면 동물의 팔과 다리, 몸통 그리고 다양한 나들이 옷차림을 수놓습니다. 이때 여기서 다루는 동물의 몸통과 옷차림 등의 10가지 자수는 각각의 동물들한테 손쉽게 적용시켜 활용도를 높일 수 있도록 했습니다. 트레이싱페이퍼를 이용해 다양한 접목을 시도해 보세요.

단, 각 자수마다 제시돼 있는 도안과 스티치 방향을 꼭 확인하면서 진행하세요. 이 책은 면적을 메우는 방식이 주류를 이루기 때문에 스티치의 방향을 변화시키는 것이 중요한 포인트가 됩니다.

어느 정도 동물 자수에 익숙해졌다면 이번엔 이를 활용해 브로치, 동전지갑과 파우치, 케이프, 에코백 등 서서히 난이도 있는 소품을 만들어보세요. 동전지갑의 경우 아기자기하고 사랑스러운 동물과 식물, 곤충 등의 자수 위주로 소개하고 있습니다. 이 또한 각각의 도안을 자유롭게 바꿔서 다양하게 접목시켜 보세요.

이중 파우치와 에코백, 케이프 등은 다른 것들보다 시간을 좀 더 요하는 난이도 높은 작품이므로 시간과 정성을 들여 수놓아 보세요. 하나의 모티브에 살짝 변화를 주는 것만으로도 분위기가 전혀 다른 작품이 완성될 거예요.

끝으로 멀리 타국에 있는 저에게 먼저 출판을 의뢰해 주시고 긴 시간 동안 수고해 주신 도서출판 책밥 관계자 여러분께 감사를 드립니다.

2017년 4월 치치레 드림

STAY WITH ME

Embroidery Contents

차 례

1 작고 귀여운 동물 얼굴 자수 브로치 만들기

2

아기자기한 소품으로 동물 얼굴 브로치 꾸미기

3

동물과 식물 자수로 생활 소품 만들기

부록

- 상급자용 -

동물 패턴이 살아있는 생활용품 디자인

도구 알아보기

자수틀

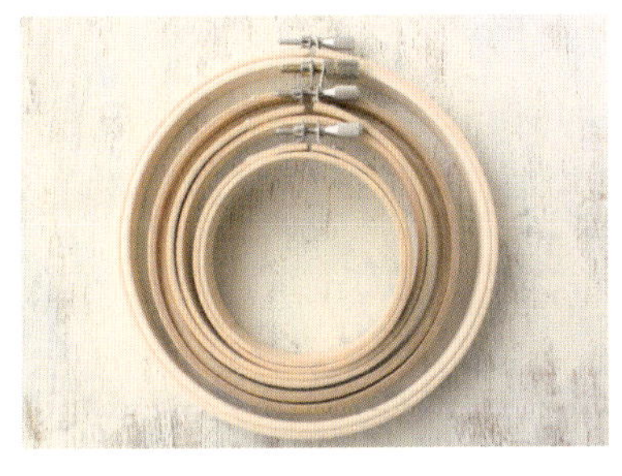

안쪽부터 지름이 8, 10, 12, 15cm의 자수틀입니다. 만들 작품의 종류에 따라 각각의 알맞은 자수틀을 선택하면 됩니다. 브로치를 수놓을 경우에는 8~10cm의 작은 수틀을, 액자나 에코백 혹은 지갑 등을 수놓을 때는 12~15cm의 수틀을 사용하면 됩니다. 만약 한 가지 크기의 수틀만 가지고 있다면 그것을 사용해도 무방합니다. 단, 크기가 큰 제품은 수틀의 위치를 바꿔가며 수놓으세요.

1 자수를 할 때 나사가 손 쪽에 위치하면 실이 잘 걸리게 되므로 나사를 위쪽으로 향하게 놓고 수를 놓으세요.

2 나사를 풀고 자수틀을 서로 분리한 후 나사가 달리지 않은 틀 위에 천을 놓습니다. 틀을 끼우고 천을 잡아당기면서 나사를 조여 천을 고정합니다.

3 바늘을 빼낼 위치를 찾을 때 손가락을 세우면 그 부분의 천이 늘어날 수 있으므로 주의하세요.

4 바이어스 방향으로 자른 천을 자수틀에 감으면 돌출된 나사에 방해받지 않고 수를 놓을 수 있습니다. 바이어스 천 대신 테이프를 붙이거나 제품에 따라 고무가 붙어 있는 것도 있습니다.

1

2

2-1

2-2

2-3

3

4

4-1

4-2

자수실

이 책에서는 DMC 25번사를 주로 사용합니다. 25번사는 6올의 가는 실을 느슨하게 꼬아 놓은 자수실입니다.

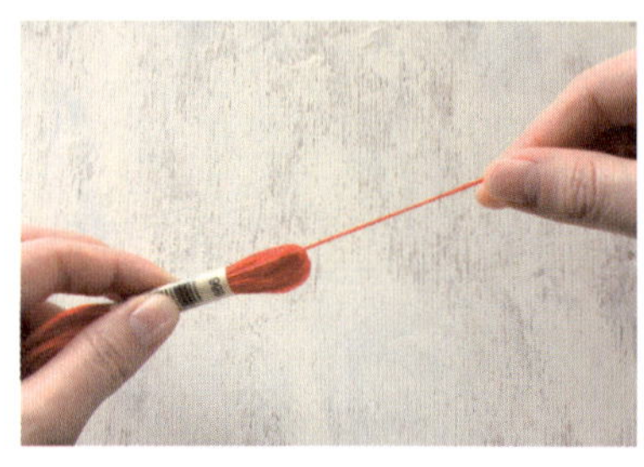

1 실을 60cm 정도로 자르고 1올씩 뽑습니다.
2 사용할 실을 모아 바늘귀에 끼웁니다. 이 책에서는 주로 1~2올의 실을 사용합니다.
3 자수실은 그때그때 사용하기 쉽게 보빈이나 집게 등에 감아서 보관하세요.
참고 보빈은 실을 감는 통 모양의 실패입니다.

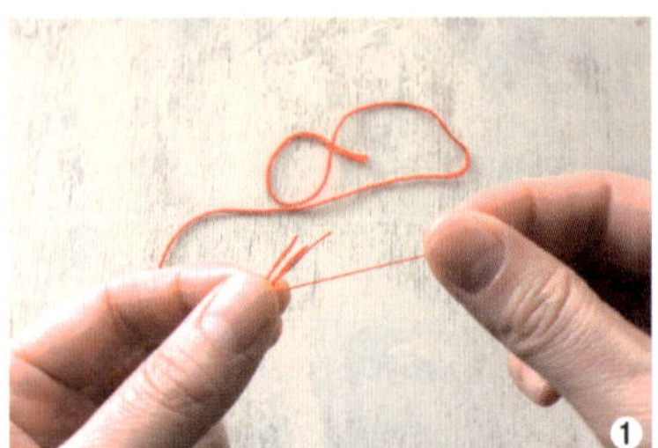
1

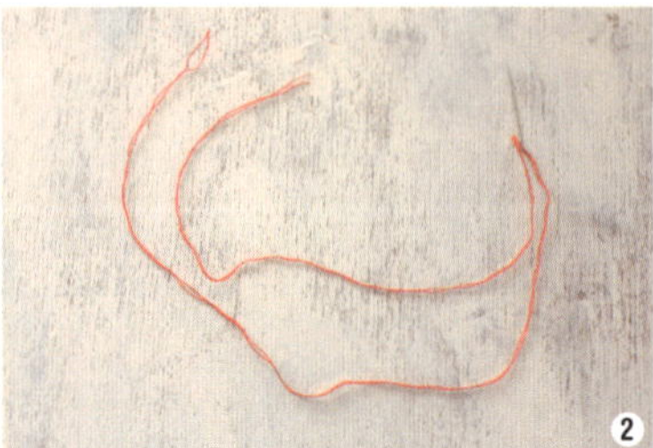
2

3

자수바늘

자수용 바늘은 바느질용 바늘보다 바늘귀가 큽니다. 보통 호수가 클수록 얇아지는데 자수 크기와 실, 올 수에 따라 적당한 바늘을 선택합니다. 실을 꿰기 힘들다면 실 꿰기 루프를 사용합니다.

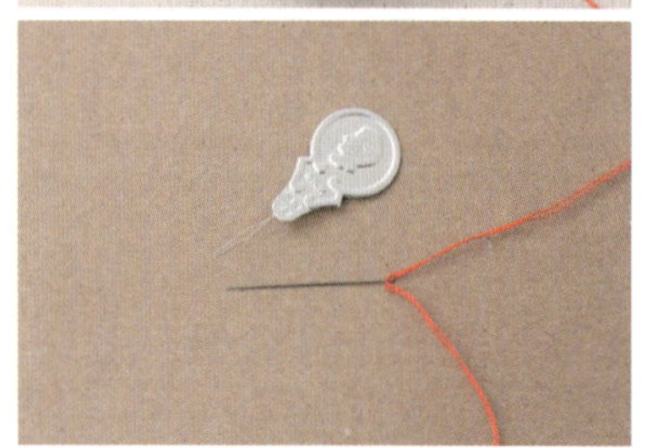

가위

자수 천을 자를 때는 재단용 가위를 사용하고 실을 자르거나 가위집을 넣을 때는 자수용 가위를 사용하세요. 가위를 사용할 때 다치지 않도록 주의하세요.

자수 펜

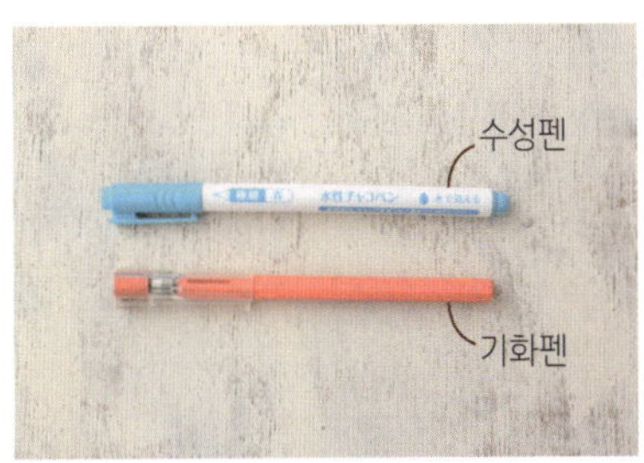

자수 천의 색이 연하여 도안이 잘 안 보이거나 천에 직접 도안을 그려 넣을 때 사용합니다. 물로 지워지는 수성펜과 시간이 지나면 공기 중에서 드로잉 라인이 사라지는 기화펜이 있습니다. 최근에는 잘못 그린 그림을 바로바로 지울 수 있는 지우개펜도 시중에서 쉽게 구할 수 있습니다.

참고 다림질을 할 때는 도안을 그린 선을 지운 후 다립니다. 그리고 물을 뿌려 지울 때는 가급적 분무기를 사용하며, 자수를 놓은 원단에 직접적으로 사용하지 말고 테스트를 한 후에 사용하세요.

초크 페이퍼

도안을 천에 옮길 때 사용하며, 자수를 모두 마치면 물을 뿌려 지울 수 있기 때문에 아주 편리합니다. 주로 한쪽 면적에만 자수를 놓을 때 사용합니다.

셀로판종이와 트레이싱페이퍼

셀로판종이는 옷감에 도안을 전사할 때, 도안이 파손되지 않도록 보호하기 위해 사용하고 트레이싱페이퍼는 도안을 옮길 때 사용합니다. 셀로판종이 대신 문구점에서 쉽게 구입할 수 있는 손코팅지도 많이 사용합니다.

▲ 셀로판종이

▲ 트레이싱페이퍼

원단

이 책에서 사용하고 있는 모든 원단은 리넨입니다. 주로 흰색 리넨을 사용했지만 각 도안이나 연출하고 싶은 분위기에 따라 종종 색감이 있는 리넨을 사용하기도 했습니다. 리넨은 두께감과 탄력이 좋아 자수 초보자도 다루기 쉽습니다.

● 본격적인 자수에 들어가기 전에 꼭 해야 하는 원단 관리

① 올 풀림 방지 작업

천 끝은 올이 풀리지 않도록 미리 처리를 해 두면 자수를 놓을 때 훨씬 수월합니다. 이때 끝단 처리는 재봉틀, 핑킹가위 등을 이용하면 편합니다. 이렇게 천 끝단을 미리 처리하지 않으면 작업 중 풀린 실을 같이 꿰매는 실수를 범할 수 있으니 주의하세요.

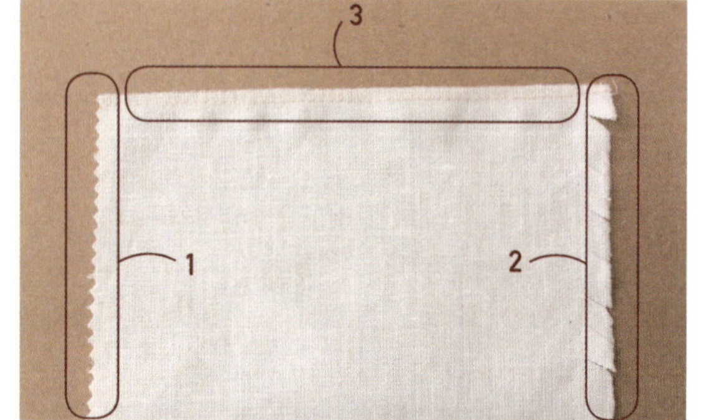

1_ 핑킹가위로 올 풀림 방지 작업을 한 경우
2_ 천에 가위집을 넣어 올 풀림 방지 작업을 모습
3_ 오버록 재봉틀로 올 풀림 방지 작업을 한 경우

참고 2번처럼 올 풀림 방지 작업을 할 때는 천에 비스듬히 가위집을 넣으세요.

② 다림질

자수 천에 물을 뿌린 후 다려 주름을 펴서 준비하세요.

③ 재단

필요한 천의 분량은 제작할 아이템, 사용할 자수틀에 따라 달라집니다. 이를 고려하여 원단을 재단하세요. 예를 들어 브로치를 제작할 경우 8cm의 자수틀을 사용할지 12cm의 자수틀을 사용할지에 따라 준비할 천의 분량이 달라집니다. 작은 제품을 만들 때도 큰 자수틀을 사용하면 천이 많이 필요합니다.

심지

접착심을 사용하거나 덧대는 천을 사용하는 두 가지 방법이 있습니다. 이 책에서는 자수를 놓기 전에 꼭 심지를 대고 했는데, 심지를 사용하면 천에 두께감이 생겨 작품의 강도가 커지고 자수의 완성도 또한 높아집니다. 심지의 사용 여부에 따라 전혀 다른 완성품이 나오기도 합니다. 심지는 도안을 옮겨 그리고 작품의 패턴에 맞춰 천을 자른 후 자수하기 직전에 붙입니다. 단, 안감에는 심을 대지 않습니다.

참고 부드럽고 푹신한 느낌의 작품을 원한다면 이 과정을 생략해도 됩니다.

● 접착심

접착심은 주로 부직포, 직포 등을 사용하는데 직포가 조금 더 사용하기 편합니다. 다소 거친 직포의 뒷면에는 접착풀이 붙어 있습니다. 이 부분을 다림질해 천에 붙입니다. 다림질할 때는 다리미에 접착풀이 묻지 않도록 반드시 복사용지나 여분의 천 등을 덧대고 다립니다.

참고 리넨은 울에 비해 올의 밀도가 성긴 편입니다. 흰색 천에 검은 심을 붙이거나 검은 천에 흰색 심을 붙이면 비칠 수도 있으므로 가능하면 같은 색의 심지를 사용하세요.

● 덧대는 천

특정 천에 자수를 놓을 때 천의 뒷면에 덧대어 보강하는 방법입니다. 주로 브로치 같은 원 포인트 자수에 적합합니다. 도안이 없는 곳에 시침실이나 재봉틀로 천 2장을 같이 꿰맵니다.

▲ 시침질로 심지를 고정하고 수놓는 모습

도안과 매듭 알아보기

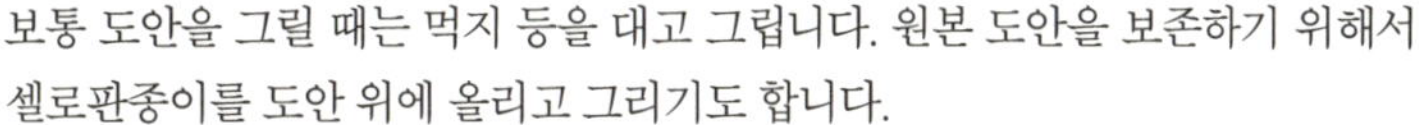

도안 그리기

보통 도안을 그릴 때는 먹지 등을 대고 그립니다. 원본 도안을 보존하기 위해서 셀로판종이를 도안 위에 올리고 그리기도 합니다.

1 차례대로 천, 카피 페이퍼(먹지), 도안, 셀로판종이를 올려놓습니다.
참고 카피 페이퍼는 잉크 면이 천을 향하도록 합니다.

2 사진처럼 시침핀으로 모든 종이와 천을 고정한 후 펜으로 도안을 따라 그립니다.

3 셀로판종이와 먹지, 도안을 걷어내면 사진처럼 도안이 천에 인쇄됩니다.
참고 자수를 모두 마친 후 분무기로 물을 뿌리면 도안이 지워집니다.

자수의 시작과 끝

자수는 매듭짓기로 시작해서 매듭짓기로 끝납니다. 자수의 시작이자 끝인 매듭짓는 방법을 간단히 소개합니다.

1 사진처럼 실을 꿴 바늘 밑에 실을 놓습니다.
2 바늘에 실을 2회 감아줍니다.
3 서서히 실을 빼냅니다.
4 사진처럼 실 끝에 매듭이 만들어집니다.
5 매듭 끝에 달린 여분의 실은 깔끔하게 잘라줍니다.

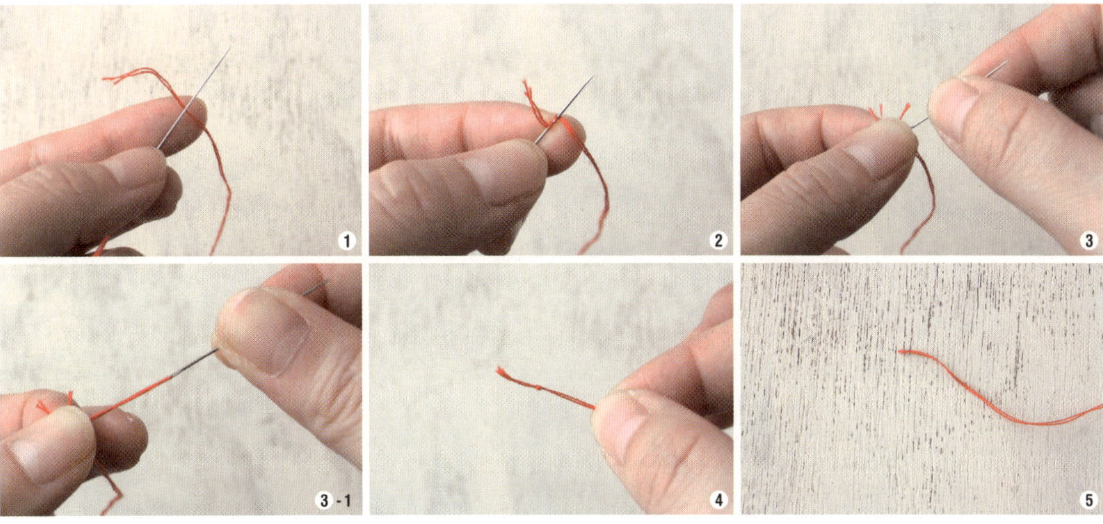

자 수 를 시 작 하 기 전 에 꼭 알 아 야 할

치치레의 7가지 기본 스티치

자수는 워낙 스티치 종류가 많아 수백여 개의 스티치 기법만 내내 설명하는 책이 있을 정도입니다. 하지만 이 책은 가장 기본적인 스티치 몇 가지만 익히면 초보자도 손쉽게 자유자재로 자수를 놓을 수 있도록 구성했습니다. 새틴 스티치를 기본으로 가장 많이 사용하는 스티치와 그것을 조합해서 활용하는 여러 가지 스티치 방법에 대해 소개해 보겠습니다.

스트레이트 스티치

식물의 줄기나 곤충의 더듬이, 동물의 속눈썹 등 주로 직선으로 이루어진 짧은 선을 수놓을 때 사용합니다. 스트레이트 스티치를 여러 땀 놓으면 커다란 면을 꼼꼼히 채울 수도 있습니다.

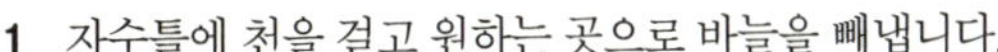

1 자수틀에 천을 걸고 원하는 곳으로 바늘을 빼냅니다.
2 바늘이 나온 곳에서 직선 방향으로 바늘을 다시 넣습니다.
3 직선 모양의 자수가 완성됩니다.
4 아래 사진은 스트레이트 스티치를 3회 반복한 모습입니다.

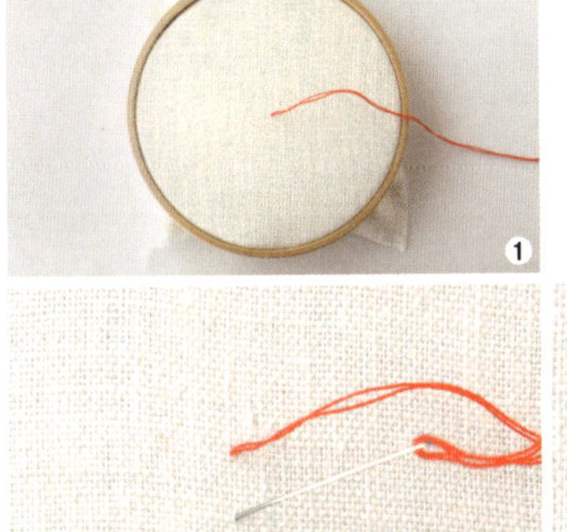
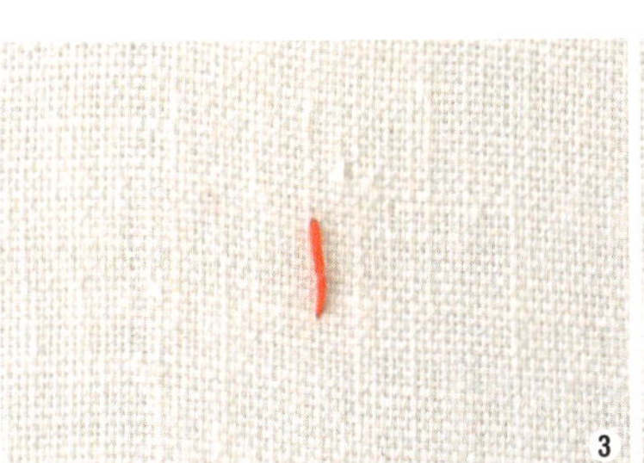
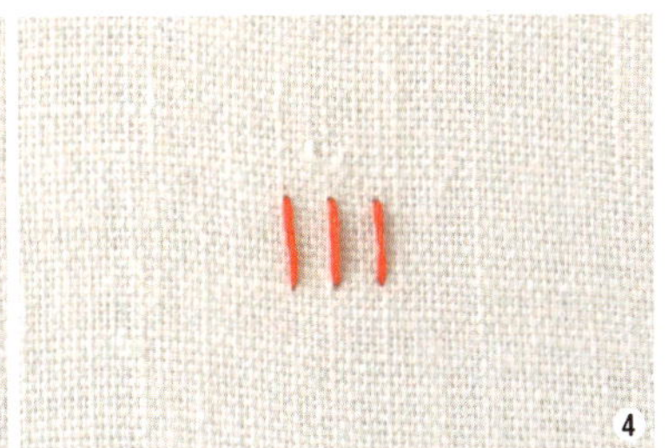

백 스티치

스트레이트 스티치, 러닝 스티치와 함께 선을 만들 때 가장 많이 사용됩니다. 백 스티치는 이중에서 가장 견고하게 수놓을 수 있는 방법이며 주로 직선이나 곡선을 수놓을 때 사용합니다.

1 도안에 그려진 선보다 조금 안쪽으로 들어가서 바늘을 빼낸 후 다시 도안이 시작되는 부분에서 바늘을 넣습니다. 그러면 사진처럼 작은 직선이 만들어집니다.
2 1번에서 만들어진 직선만큼의 길이를 남기고 바늘을 빼냅니다.
3 1번에서 만들어진 직선의 끝 부분에 다시 바늘을 넣습니다.
4 1~3번 과정을 반복해 사진처럼 긴 직선을 만듭니다.
5 위와 같은 방법은 직선뿐 아니라 곡선을 만들 때도 유용하게 사용됩니다.

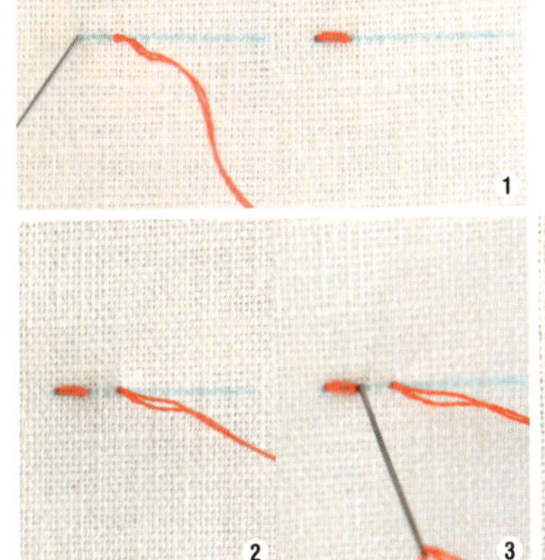
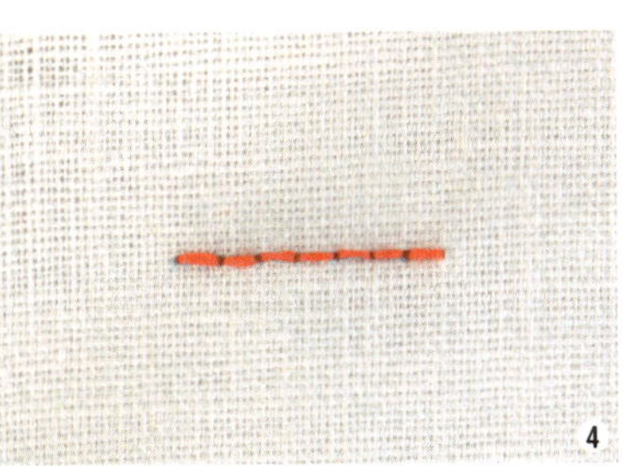
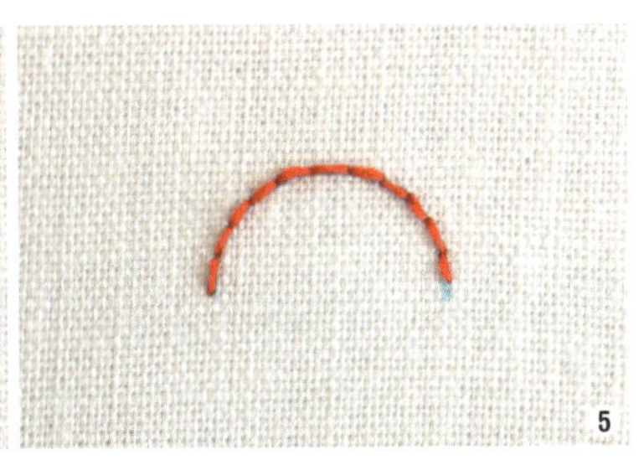

새틴 스티치

스트레이트 스티치의 연장이라 할 수 있으며 같은 방향으로 면적을 채워나가는 스티치 방법입니다. 주로 면적을 채울 때 사용하며 사용 빈도가 매우 높습니다. 도안의 끝부분부터 순서대로 수놓아 넓은 면적을 채우려면 나름의 스킬이 필요한데, 이 책에서 사용하는 방법은 제일 먼저 기준선을 정하는 것입니다. 가령 상하나 좌우로 대칭인 면은 중심에 가상의 선을 길게 그어 기준선을 만든 후 면적을 나누어 하나씩 수놓는 것입니다. 새틴 스티치는 방향을 바꿈으로써 똑같은 도안이 전혀 다르게 보이기도 하고 바늘을 찔러 넣는 각도에 따라 난이도가 달라지기도 합니다.

1 도안에서 기준선을 정하고 기준선 윗부분에서 바늘을 빼냅니다.

2 바늘이 나오면 기준선 아래에 다시 바늘을 넣습니다. 그러면 스트레이트 스티치와 비슷한 직선이 만들어집니다.

3 직선의 바로 옆으로 바늘을 빼내고 2번에서 바늘을 넣은 바로 옆에 다시 바늘을 찔러 넣습니다. 그러면 도톰한 직선 면적이 만들어집니다.

4 계속해서 1~4번과 같은 방법으로 면을 메워줍니다.

5 사진처럼 테두리를 백 스티치한 다음 원 안에 스트레이트 스티치로 베이스를 만듭니다.

6 그 위를 1~3번과 같은 방법으로 테두리 라인을 감싸며 면을 채워줍니다.

7 입체감을 비교할 수 있습니다.

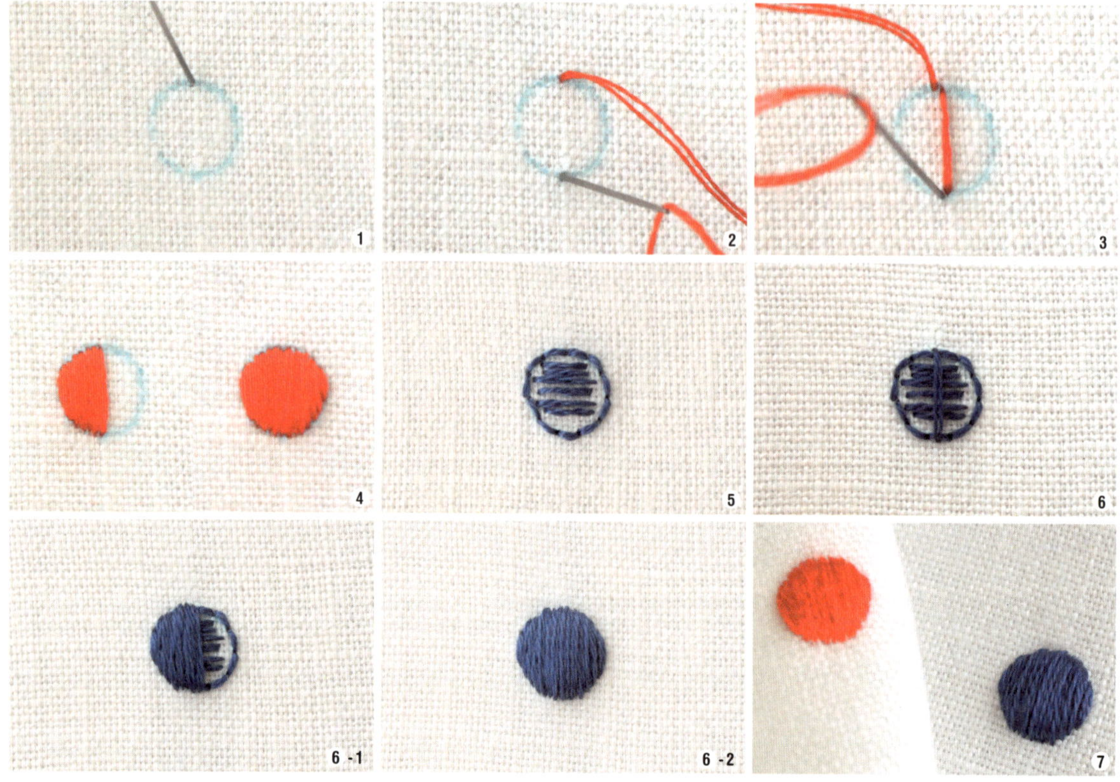

롱 앤드 쇼트 스티치

새틴 스티치와 마찬가지로 면적을 채울 때 사용하지만 짧은 스티치와 긴 스티치를 교대로 수놓아 다소 큰 면적을 채워나가는 스티치 방법입니다. 새틴 스티치처럼 나름의 중심 기준을 정해서 수놓으면 좀 더 편합니다.

1 도안의 중심에 가로로 기준선을 정하고 사진처럼 기준선에 맞게 긴 선을 수놓습니다.
2 긴 선 바로 옆에 조금 짧은 선을 수놓습니다.
3 1~2번 과정을 반복해서 수놓습니다. 그러면 기준선 윗면이 롱 앤드 쇼트 스티치로 채워집니다.
4 기준선 아랫면도 1~3번 과정을 반복해 수놓습니다.
5 이번에는 색을 바꿔 1차로 채워진 롱 앤드 쇼트 스티치 옆에 2차로 스티치합니다. 기준선에 사진처럼 가로 선으로 수놓습니다.
참고 실의 색은 편의상 잘 보이게 바꿔서 수놓았습니다.
6 5번에서 수놓은 긴 선 바로 옆에 짧은 선을 수놓습니다.
7 1~6번 과정으로 생긴 빈 공간을 다시 길고 짧은 선을 반복해 수놓습니다.

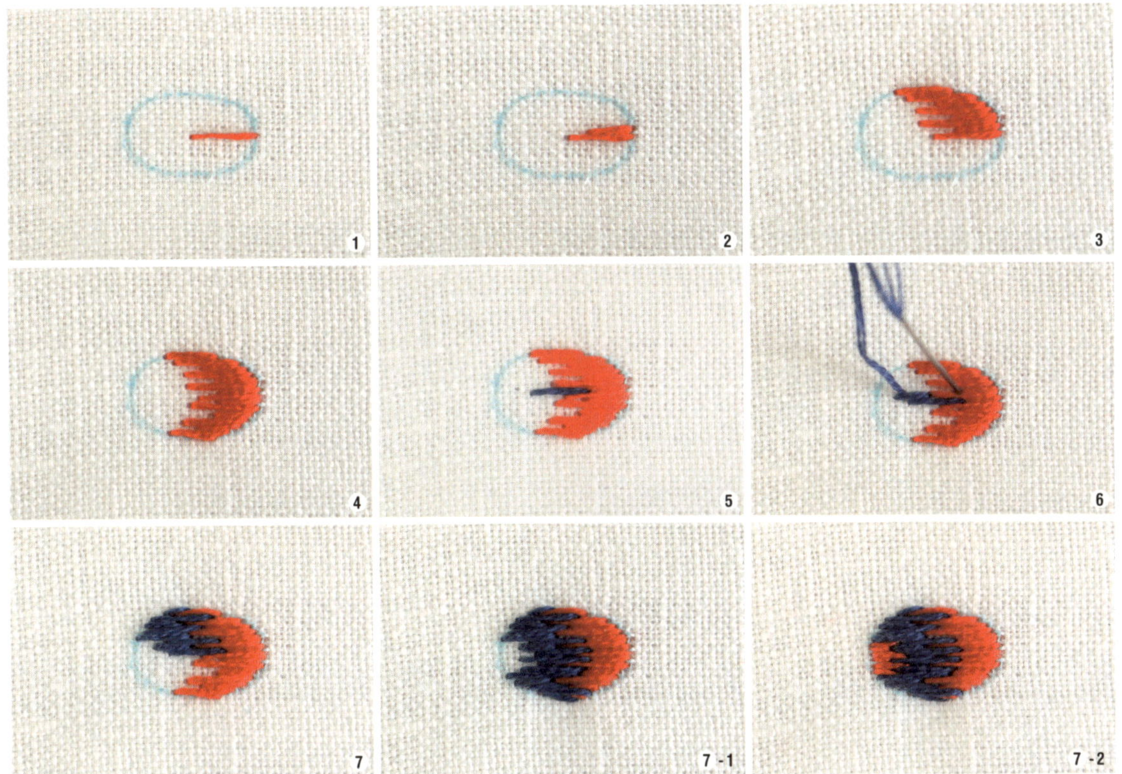

프렌치 노트 스티치

주로 입체적인 원을 만들 때 사용합니다.

1 천의 아래에서 위로 바늘을 넣어 실을 빼낸 후 왼손으로 실을, 오른손으로 바늘을 잡습니다.
참고 오른손잡이 기준입니다.

2 사진처럼 왼손으로 바늘에 실을 감고, 감은 실을 당겨서 간격을 촘촘하게 만들어줍니다.
참고 실을 감는 횟수에 따라 스티치의 크기가 달라집니다.

3 계속해서 왼손으로 잡은 실을 조금씩 당기면서 바늘에 감은 실을 바늘 끝으로 오게 한 다음, 1번에서 바늘을 뽑아 올린 바로 옆에 다시 넣습니다.

4 실을 당기면서 바늘을 넣으면 작은 매듭이 생깁니다.

5 그대로 바늘을 모두 천 아래로 넣고 손가락으로 매듭을 살짝 눌러가며 남은 실을 천 아래로 당깁니다.

6 작은 매듭이 만들어집니다.

7 바늘에 실을 감은 횟수에 따른 매듭의 크기를 비교해 보세요.

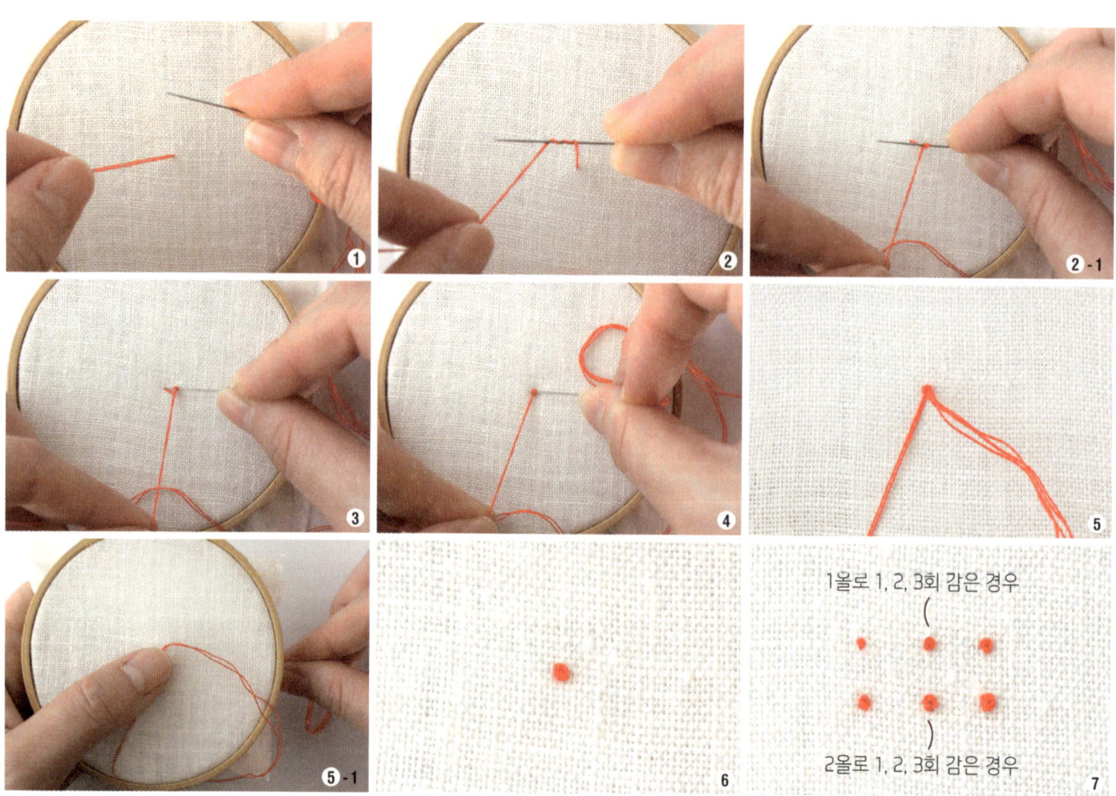

프렌치 노트 스티치 + 스트레이트 스티치

입체감 있는 원을 수놓을 때 프렌치 노트 스티치 위에 스트레이트 스티치를 함께 사용하면 훨씬 볼륨감 있는 원을 만들 수 있습니다. 이 책에서는 주로 동물의 볼, 눈 등을 수놓을 때 사용했습니다.

1 수놓을 곳에 실을 꿴 바늘을 꺼내어 왼손으로 실을 잡고 오른손으로 바늘을 잡습니다.
2 왼손의 실을 오른손의 바늘에 감습니다. 이때 몇 번을 감는가에 따라 완성된 원의 크기가 달라집니다. 큰 원을 만들고 싶으면 많이 감아주면 됩니다.
3 한 손으로 실을 당기면서 바늘을 천 아래로 당깁니다.
4 사진처럼 작은 매듭이 만들어집니다.
5 매듭의 옆으로 바늘을 빼냅니다.
6 매듭을 가로질러 바로 옆에 바늘을 넣어 사진처럼 매듭 위로 직선을 만듭니다.
7 매듭의 위쪽으로 바늘을 빼내어 매듭의 아래쪽에서 바늘을 넣습니다.
8 매듭의 오른쪽에서 바늘을 꺼내어 다시 사선 아래 방향에서 바늘을 넣습니다.
9 왼쪽 위에서 오른쪽 아래로 내려가는 사선도 만들어줍니다.

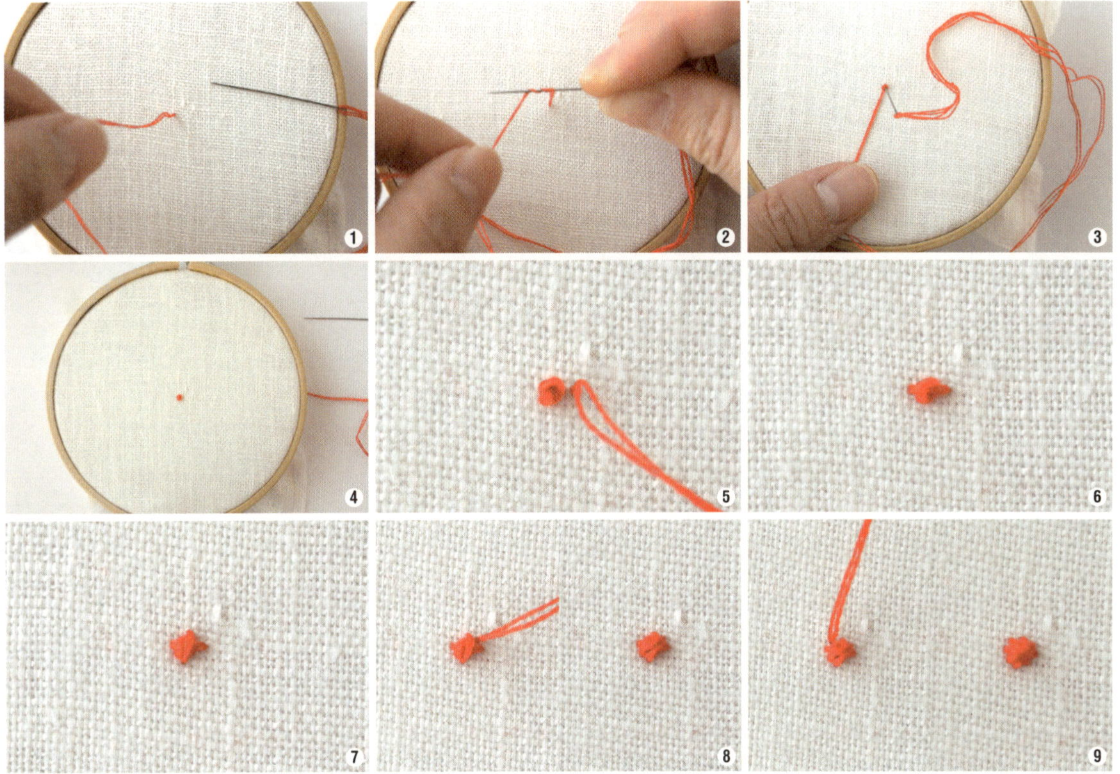

레이지 데이지 스티치

주로 나뭇잎이나 꽃잎 등의 타원을 수놓을 때 사용합니다.

1 사진처럼 원하는 지점에서 천 아래로 바늘을 넣었다가 빼냅니다.
2 바늘을 당기기 전에 귀에 걸린 실을 사진처럼 바늘에 걸쳐 줍니다.
3 바늘을 조금씩 천 위로 당깁니다. 이때 둥글고 예쁜 곡선이 만들어질 수 있도록 모양을 보면서 너무 강하지 않게 조금씩 당깁니다.
4 3번에서 만든 둥근 곡선 바로 위에 바늘을 다시 넣고 당깁니다.
5 레이지 데이지 스티치가 완성된 모습입니다.
6 레이지 데이지 스티치를 연속적으로 사용해 꽃을 수놓은 모습입니다.

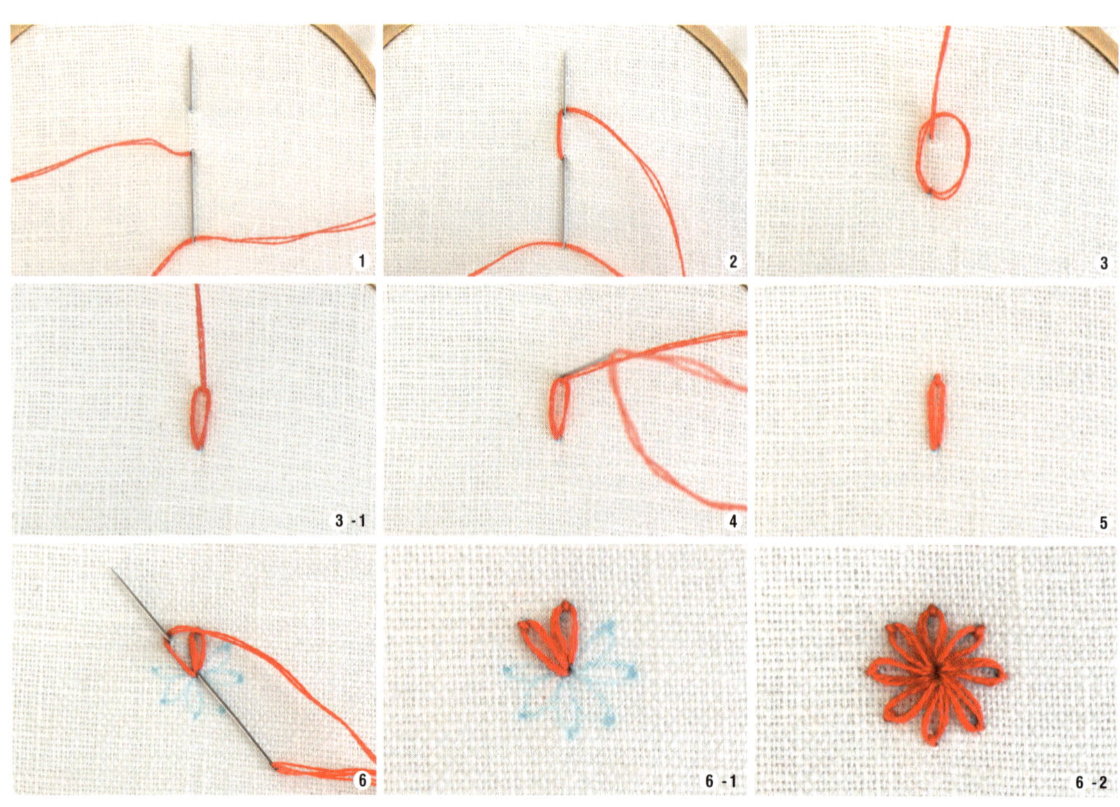

레이지 데이지 스티치 + 새틴 스티치

주로 작은 잎이나 동물의 신발 등처럼 입체감 있는 타원을 만들 때 사용합니다. 이 책에서는 편의상 눈에 잘 띄게 하기 위해서 실의 색을 바꾸어 수놓았지만 실제 작업에서는 굳이 색을 바꿀 필요가 없습니다.

1 자수를 놓을 지점으로 바늘을 빼냅니다.
2 바늘을 빼낸 지점의 바로 옆에 다시 바늘을 넣고 조금 위쪽에서 다시 바늘을 빼냅니다.
3 사진처럼 실을 바늘에 한 바퀴 돌립니다.
4 서서히 바늘을 빼내어 타원 모양을 만들어줍니다.
5 타원의 위쪽으로 바늘을 넣어 사진처럼 작은 땀을 만들어줍니다.
6 타원의 안쪽 아래에서 바늘을 빼내고, 타원 위쪽에서 바늘을 다시 넣은 후 사진처럼 직선을 만듭니다.
7 6번을 반복에서 타원 안쪽을 모두 채웁니다.
8 이번에는 타원의 바깥쪽 아래에서 바늘을 빼내고 다시 타원의 바깥 위쪽에 바늘을 넣어 조금 긴 직선을 만듭니다.
9 8번을 반복해서 타원을 모두 덮는 두께감 있는 타원을 완성합니다.

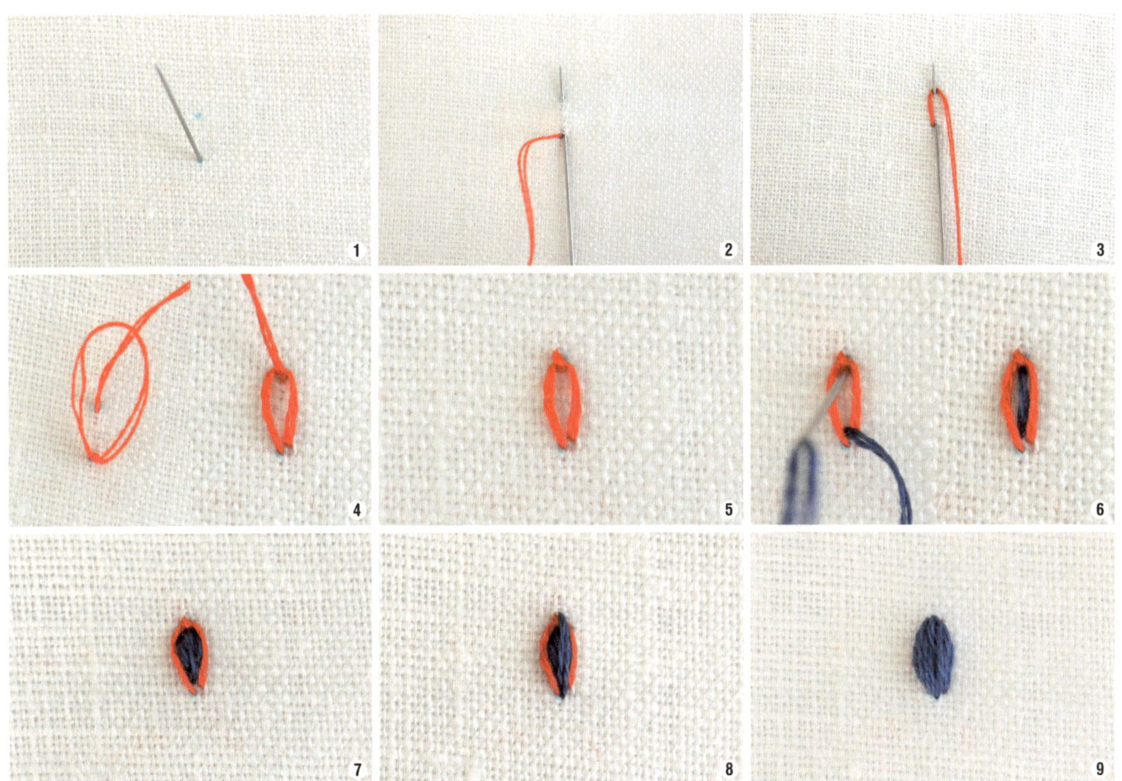

아우트라인 스티치

곡선을 만들 때 주로 사용하는 스티치 방법으로 도안의 방향대로 수놓는 정방향과 도안을 백 스티치하듯 수놓는 역방향이 있습니다.

● 정방향

도안의 방향대로 수놓는 아우트라인 스티치 기법입니다.

1 도안의 시작 부분에서 바늘을 빼냅니다.
2 도안을 따라 바늘을 다시 넣고 당기면 사진처럼 짧은 선이 만들어집니다.
3 짧은 선의 중간 정도에서 바늘을 다시 빼내고 도안을 따라 다시 짧은 선을 만들며 곡선을 수놓습니다.
4 1~3번 과정을 반복해서 곡선을 만듭니다.

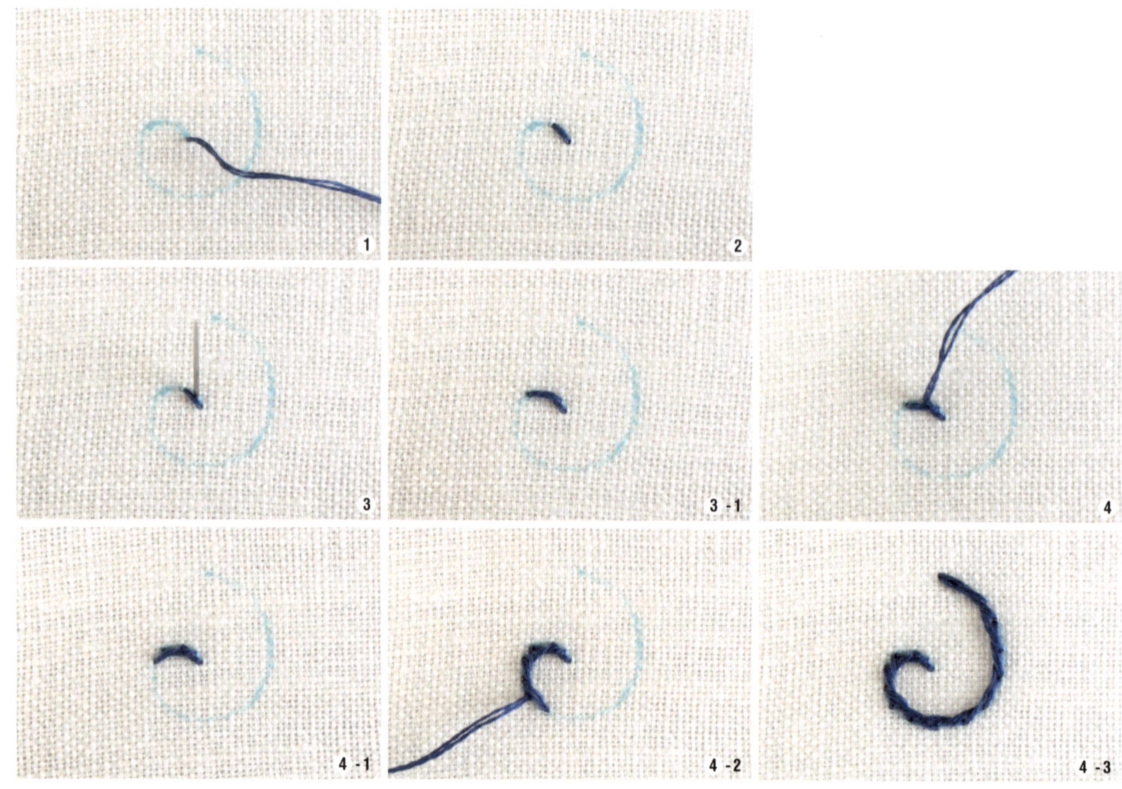

● 역방향

아우트라인 스티치를 백 스티치하듯 수놓는 방법입니다. 편의에 따라 두 가지 방향 중 선택해 수놓으면 됩니다. 이 책에서는 역방향 아우트라인 스티치를 사용했습니다.

1 도안의 시작 부분보다 조금 안쪽에서 바늘을 꺼냅니다.
2 도안의 시작 부분에 바늘을 넣습니다.
3 도안의 조금 앞부분에서 사진처럼 바늘을 빼내어 2번에서 생긴 직선의 1/2 지점에 바늘을 넣습니다.
4 다시 도안의 앞부분에서 바늘을 빼내어 3번에서 생긴 직선의 1/2 지점에 바늘을 넣습니다.
5 2~4번을 반복하여 사진처럼 아우트라인 스티치를 완성합니다.
6 아우트라인 스티치 정방향과 역방향의 뒷면 차이입니다.

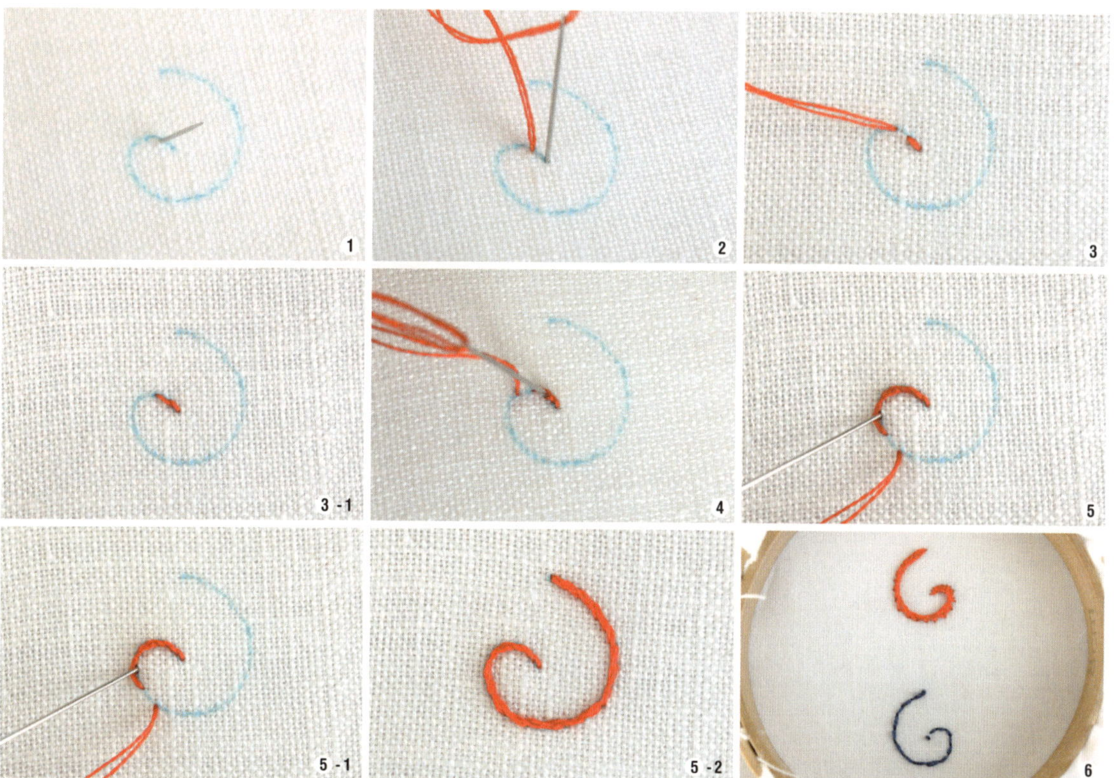

치치레의 Fill 스티치

스트레이트 스티치, 새틴 스티치, 롱 앤드 쇼트 스티치, 아우트라인 스티치 등 4가지의 스티치 방법을 조합하여 원이나 사각형 같은 다각형이 아닌, 변형된 면을 수놓을 때 사용합니다. 기본적으로 스티치의 길이에 차이를 주면서 면을 채우는 치치레만의 Fill 스티치는 그림을 그리듯 자유롭게 수놓는 스티치 방법입니다.

1 도안에 사진과 같은 방향으로 수놓아 보겠습니다.

2 불규칙한 면에 사진처럼 성글게 스트레이트 스티치해 기준선을 만듭니다.

3 사진과 같은 작은 곡선 면적은 아우트라인 스티치로 촘촘하게 수놓습니다.

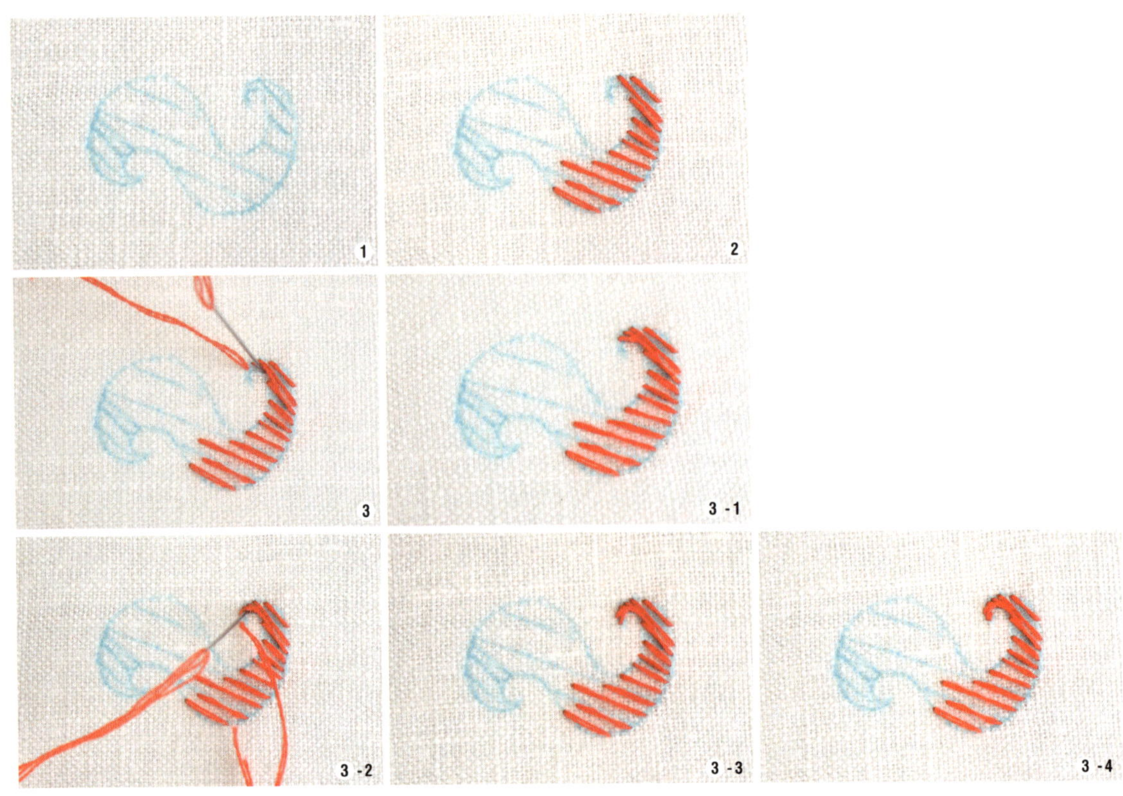

4 성글게 스티치한 면의 위로 다시 촘촘하게 새틴 스티치합니다. 그러면 좀 더 입체감 있는 면적이 만들어집니다.

POINT 이때 선의 길이를 바로 옆에 있는 선과 똑같이 만들지 말고 길고 짧게 변화를 주며 수놓습니다.

5 색을 바꾸어 사진처럼 성글게 스트레이트 스티치합니다.

참고 이 책에서는 눈에 잘 보이게 편의상 색을 바꾸어 수놓았지만 실제 자수에서는 그렇게 하지 않아도 됩니다.

6 다시 그 사이를 선의 길이에 변화를 주며 촘촘하게 새틴 스티치합니다.

7 나머지 면적도 스트레이트 스티치와 새틴 스티치, 아우트라인 스티치를 이용해 메워줍니다.

POINT 이때 경계선이 생기지 않게 면적을 채우는 것이 중요합니다. 만약 수를 놓다가 경계선이 생겼다면 다시 한 번 길고 짧게 스티치하면서 그 부분을 덮어줍니다.

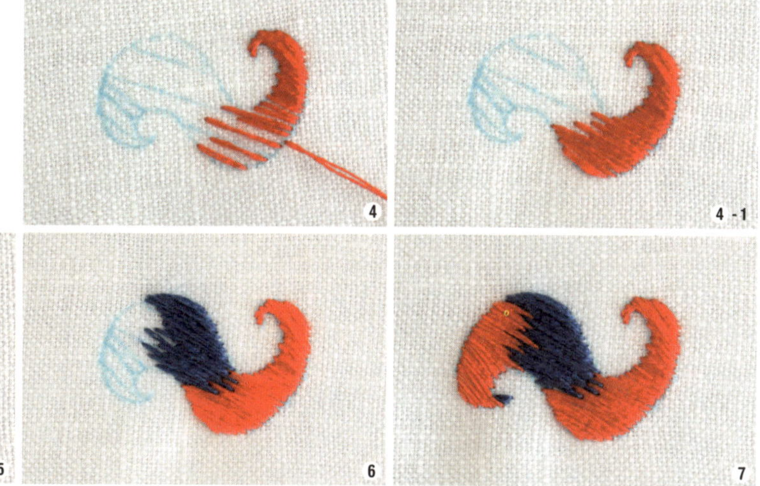

평 범 한 스 티 치 를 특 별 하 게 수 놓 는

치치레의 4가지 응용 스티치

치치레 자수는 기존의 정해진 자수 규칙에 얽매이지 않고 그림을 그리듯 수놓는 것이 특징입니다. 어려운 스티치를 많이 사용하기보다는 자유롭게 면적을 채우는 방식이기 때문에 새틴 스티치나 롱 앤드 쇼트 스티치 등을 주로 사용합니다. 그렇기 때문에 어떻게 변화를 주는지가 중요한 포인트가 되는데, 이 책에서는 스티치의 '방향'을 바꿔줌으로써 작품의 표면에 강약을 주어 생동감 넘치는 동물을 표현하는 데 중점을 두었습니다.

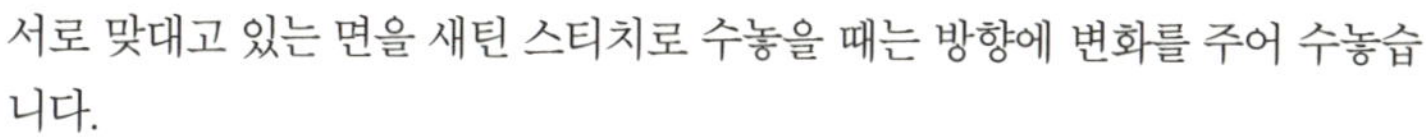

각각 다른 면적을 새틴 스티치로 수놓을 때

서로 맞대고 있는 면을 새틴 스티치로 수놓을 때는 방향에 변화를 주어 수놓습니다.

1 성글게 스티치해 사선으로 기준선을 만들고 촘촘하게 새틴 스티치해 면을 메웁니다.

2 오른쪽 면은 1번과 같은 방법으로 수놓되, 방향을 바꾸어 줍니다.

1

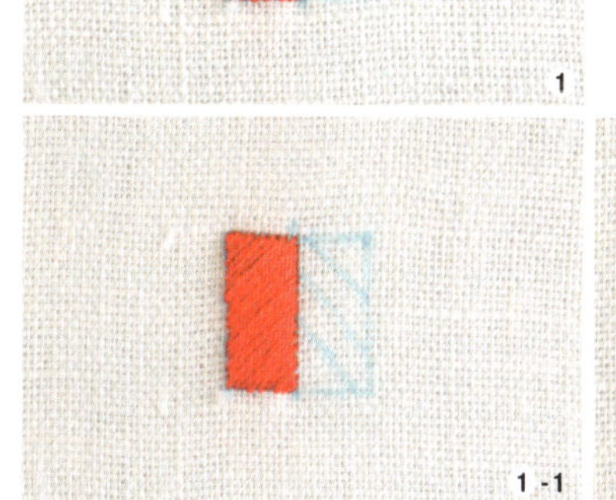

1-1

2

2-1

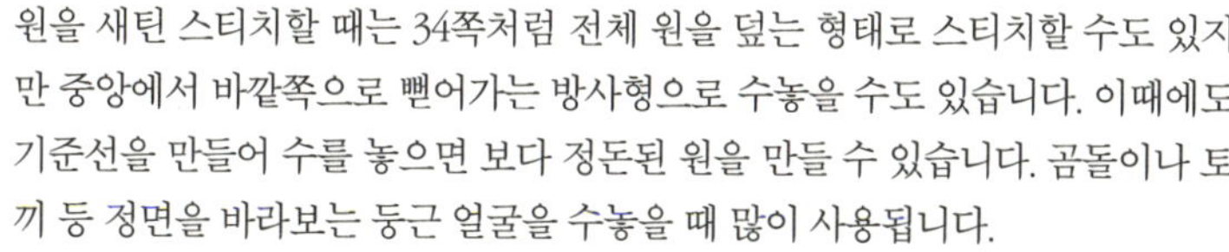

새틴 스티치로 방사형 원 수놓기

원을 새틴 스티치할 때는 34쪽처럼 전체 원을 덮는 형태로 스티치할 수도 있지만 중앙에서 바깥쪽으로 뻗어가는 방사형으로 수놓을 수도 있습니다. 이때에도 기준선을 만들어 수를 놓으면 보다 정돈된 원을 만들 수 있습니다. 곰돌이나 토끼 등 정면을 바라보는 둥근 얼굴을 수놓을 때 많이 사용됩니다.

1 사진처럼 입체감 있는 원 밖으로 새틴 스티치를 해보겠습니다. 원 아래에서 위로 바늘을 빼낸 후 다시 도안선 위에서 바늘을 넣어 직선을 만들어줍니다.

2 1번과 같은 방법으로 사진처럼 십자가 형태의 직선을 만듭니다.

3 그 사이사이에 다시 촘촘히 직선을 만들어줍니다.

4 긴 선 사이의 작은 공간은 짧은 선을 스티치해 면을 채웁니다. 겉모습은 새틴 스티치이지만 실제로 새틴 스티치와 롱 앤드 쇼트 스티치의 중간 형태가 됩니다.

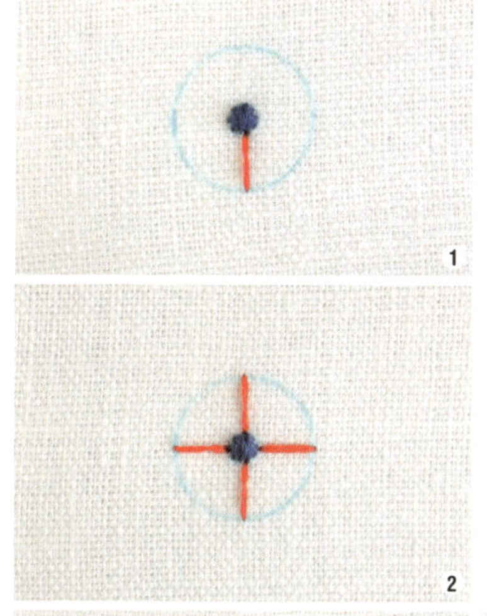

1

2

3

3-1

4

새틴 스티치로 타원 수놓기

동물의 눈을 표현할 때 주로 사용하는 스티치 방법입니다. 눈은 전체 얼굴에서 아주 작은 면적을 차지하지만 작품의 완성도를 좌우하는 중요 포인트라 해도 과언이 아닙니다. 이처럼 얼굴의 주인이 되는 눈을 수놓을 때는 제일 먼저 대칭이 되는 면의 기준선부터 정하고 수놓기를 시작합니다.

1 타원을 상하로 대칭되는 도형이라고 생각할 때 대칭의 기준은 타원 중앙의 가로선이 됩니다. 가장 먼저 이 가로 기준선을 수놓아 줍니다.
2 기준선의 아래로 짧은 선을 수놓습니다.
3 기준선의 위로 짧은 선을 수놓습니다.
4 사이사이를 촘촘히 수놓습니다.
5 타원 바깥으로 기준선 위를 한두 번 더 수놓으면 좀 더 입체감 있는 타원을 만들 수 있습니다.

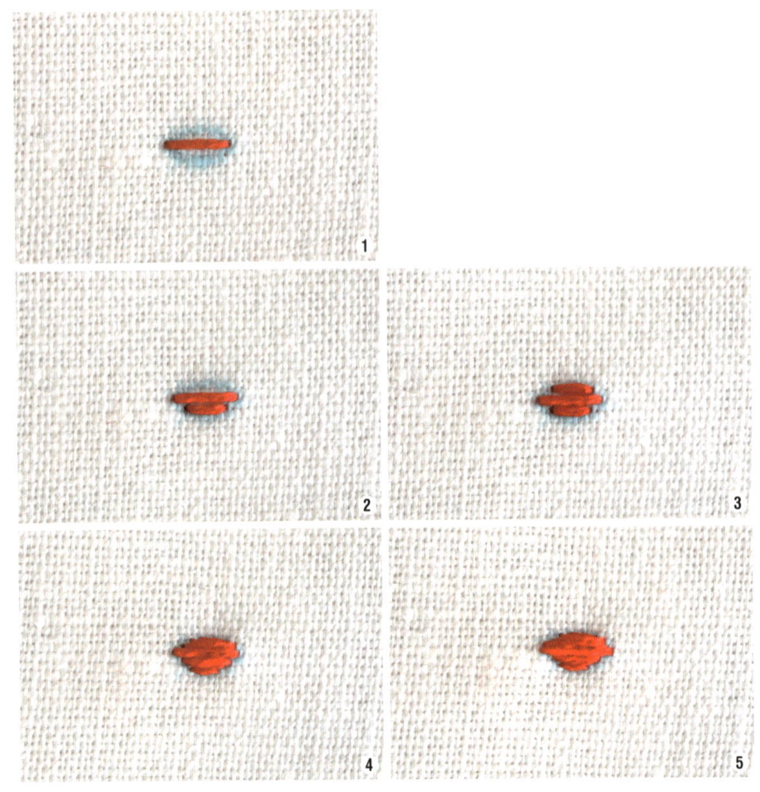

뾰족한 모서리 깔끔하게 수놓기

보통 넓은 면적은 새틴 스티치로 쉽게 수놓을 수 있지만 모서리 부분은 다소 까다롭습니다. 이런 경우 우선 모서리 방향으로 수놓은 후 나머지 면적을 방향을 바꾸어 수놓으면 효과적입니다.

1 사진처럼 도안의 중심에서 뾰족한 모서리로 스티치해 직선을 수놓습니다.

2 1번에서 만든 직선 옆으로 모서리를 향해 조금 짧은 직선을 수놓습니다.

3 1~2번에서 만든 선의 반대 방향으로 사진처럼 새틴 스티치합니다. 그러면 깔끔한 삼각형 모양의 모서리가 만들어집니다.

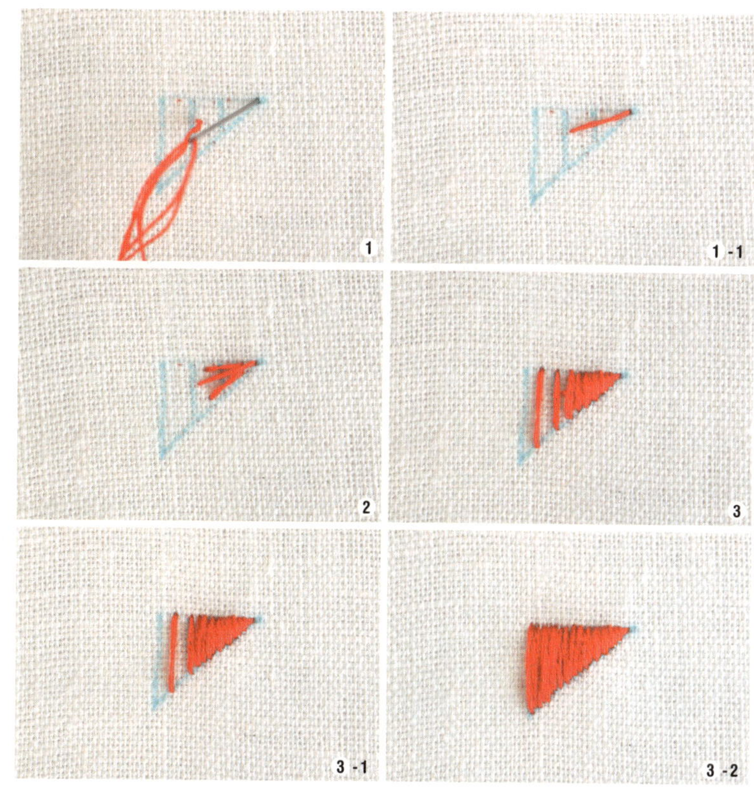

Embroidery Class

1

작고 귀여운 동물 얼굴 자수 브로치 만들기

Making a Animal Face Brooch

새, 물고기, 돌고래, 토끼, 생쥐, 여우 등 동물의 얼굴을 수놓아 보세요. 귀여운 동물 얼굴만으로도 예쁜 자수 브로치를 만들 수 있어요. 프렌치 노트 스티치와 스트레이트 스티치로 동물의 눈과 볼, 몽글몽글한 털을 수놓고 나머지 면은 새틴 스티치로 수놓아 주세요. 간단히 새틴 스티치의 방향만 바꾸어줘도 훨씬 다양한 분위기를 연출할 수 있어요. 이때 동물 얼굴을 수놓아 완성한 브로치는 3.5cm 싸개단추를 이용해 주세요.

노란 부리 새 브로치 만들기

Ready to do

〖 도안 〗

〖 방향 〗

〖 스티치 〗

프렌치 노트 스티치, 스트레이트 스티치, 새틴 스티치, 치치레의 Fill 스티치

〖 크기 〗

가로 2.5cm×세로 2.0cm

〖 컬러 〗

307 310 420 666 760 3072 3325

How to make

1 눈 만들기

프렌치 노트 스티치 + 스트레이트 스티치

310번사 1올을 끼운 바늘을 눈 위치로 빼내어 3회 감아 프렌치 노트 스티치로 수놓고, 그 위에 스트레이트 스티치를 '*' 모양으로 각각 4~5회씩 수놓습니다. 그러면 프렌치 노트 스티치를 스트레이트 스티치로 덮는 형태가 됩니다.

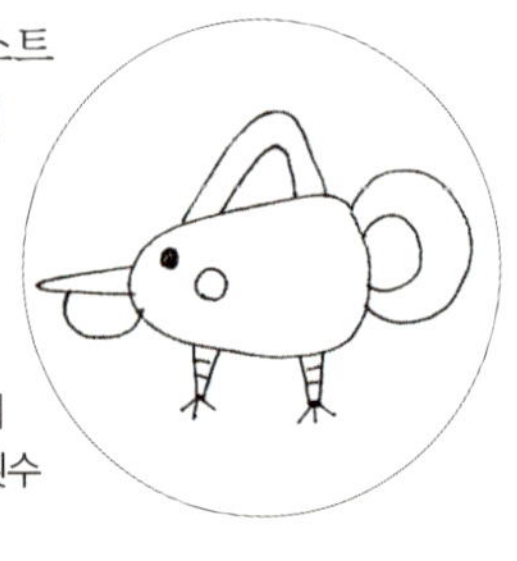

POINT 스트레이트 스티치를 할 때 프렌치 노트 스티치의 입체감이 눌리지 않도록 주의하세요.

참고 프렌치 노트 스티치와 스트레이트 스티치를 함께 수놓을 때 스트레이트 스티치의 횟수가 그때그때 달라질 수 있습니다. 프렌치 노트 스티치는 바늘에 실을 몇 번 감는지도 중요하지만, 실을 당기는 힘에 따라 매듭의 크기가 달라지기 때문에 실을 조이는 힘 또한 중요합니다. 이때 만들어진 매듭의 크기에 따라 스트레이트 스티치의 횟수를 정해 원하는 입체감을 만듭니다.

PAGE 프렌치 노트 스티치 + 스트레이트 스티치 37쪽

2 볼 만들기

프렌치 노트 스티치 + 스트레이트 스티치

1번의 눈 만들기와 마찬가지 방법으로 볼을 만듭니다. 666번사 1올로 프렌치 노트 스티치를 3번 감아 수놓고, 스트레이트 스티치는 '*' 모양으로 각각 5~6회 수놓습니다.

PAGE 프렌치 노트 스티치 + 스트레이트 스티치 37쪽

3 몸통 만들기

치치레의 Fill 스티치

3072번사 2올로 깃털의 결을 따라 듬성듬성 스트레이트 스티치합니다. 어느 정도 몸통이 채워지면 앞에서 만든 눈과 볼에 걸리지 않도록 주의하면서 빈틈을 메워나갑니다.

POINT 넓은 면적을 채울 때는 면적의 모양에 따라 성글게 스티치해 방향을 잡아주고 그다음 촘촘하게 면을 채우도록 합니다. 이때 바로 옆에 스티치한 길이와 같지 않게 하는 것이 중요합니다. 길이를 서로 다르게 해야 면을 다 채웠을 때 훨씬 생동감 있기 때문이지요. 면적을 다 채우면 새틴 스티치와 롱 앤드 쇼트 스티치의 중간 정도의 형태가 됩니다.

PAGE 치치레의 Fill 스티치 42쪽

4 날개 안쪽

새틴 스티치

760번사 2올로 그림과 같은 방향으로 날개 안쪽을 새틴 스티치로 수놓습니다.

PAGE 새틴 스티치 34쪽

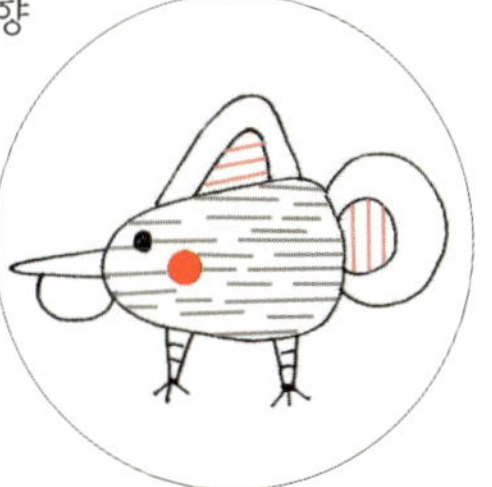

5 날개 바깥쪽

새틴 스티치

3325번사 2올로 그림처럼 날개 바깥쪽을 새틴 스티치로 수놓아 줍니다.

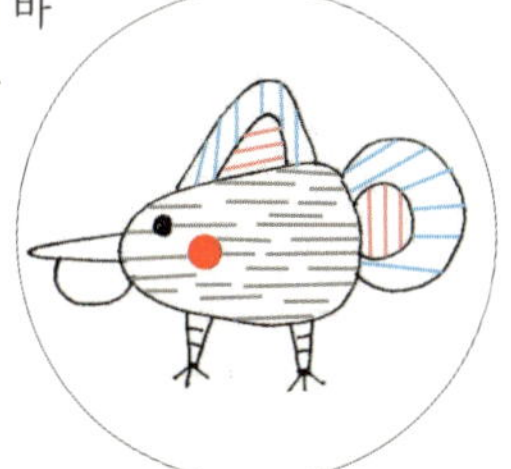

POINT 근접한 면들이 새틴 스티치로 겹쳐질 때는 방향을 다르게 해 변화를 주세요.

6 부리

새틴 스티치

아랫부리와 윗부리를 각각 새틴 스티치로 수놓되, 그림처럼 면마다 방향을 바꾸어 몸통을 메웁니다. 실은 307번사 2올을 이용합니다.

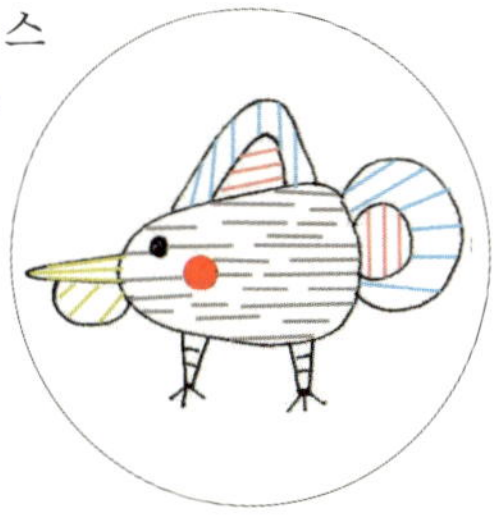

7 다리

새틴 스티치 + 스트레이트 스티치

420번사 1올을 이용해 다리에서 발끝 순으로 세로 방향으로 새틴 스티치합니다. 다시 같은 색으로 가로로 평행하게 세 개의 직선으로 스트레이트 스티치해 수놓습니다.

application

가죽과 핀을 이용해 브로치 완성하기

자수를 마치면 브로치 베이스와 핀을 덧대어 세상에 하나뿐인
나만의 자수 브로치를 만들어 보세요. 브로치 베이스를 본드로 접착하는 것이 일반적인 방법이지만,
브로치 핀이 손상되었을 때 수리하는 것이 매우 어렵다는 단점이 있습니다.
그러므로 시간과 노력을 들여 정성스럽게 만든 세상에 하나뿐인 자수가 쉽사리 망가지지 않도록
다소 번거롭더라도 바늘로 직접 꿰매는 방법을 추천합니다.

Ready to do

〖 패턴 〗

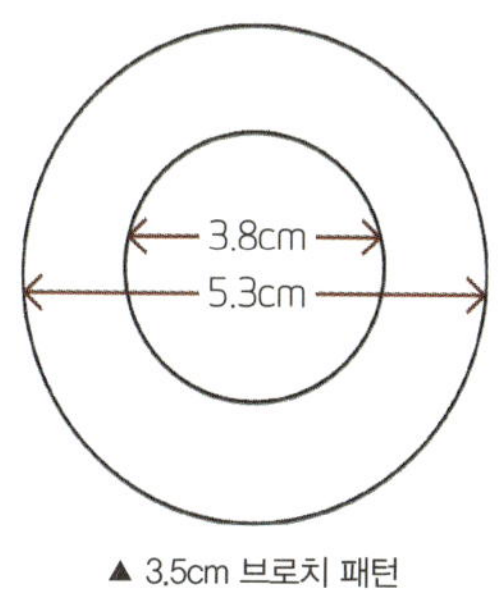

▲ 3.5cm 브로치 패턴

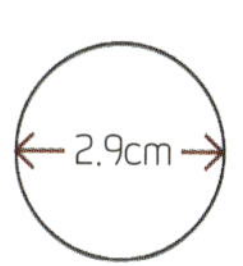

▲ 판지용 종이

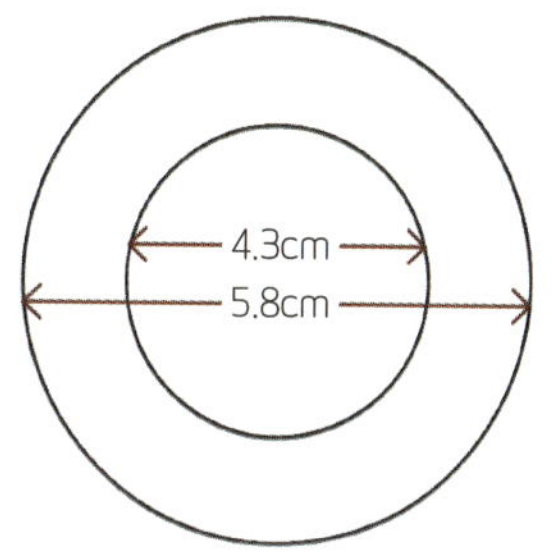

▲ 4cm 브로치 패턴

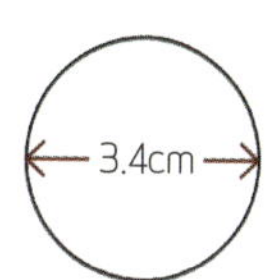

▲ 판지용 종이

〖 준비물 〗

싸개단추, 패턴, 실, 동그랗게 오려 구멍을 낸 가죽, 판지용 종이, 브로치용 핀, 시침핀, 본드, 666번사

참고 이 책에서는 플라스틱 싸개단추를 사용했지만, 시중에서 판매하는 알루미늄 싸개단추를 이용하면 됩니다.

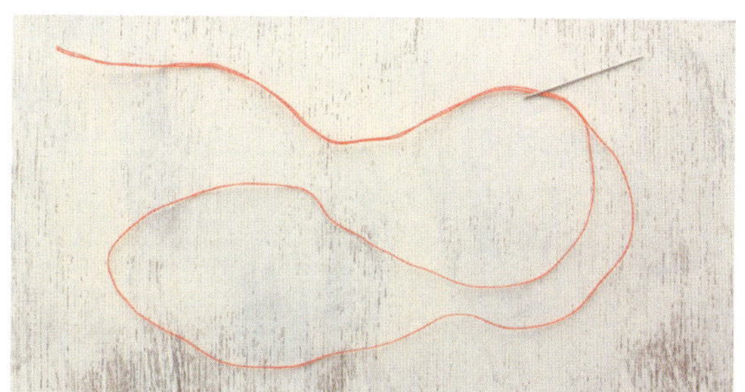

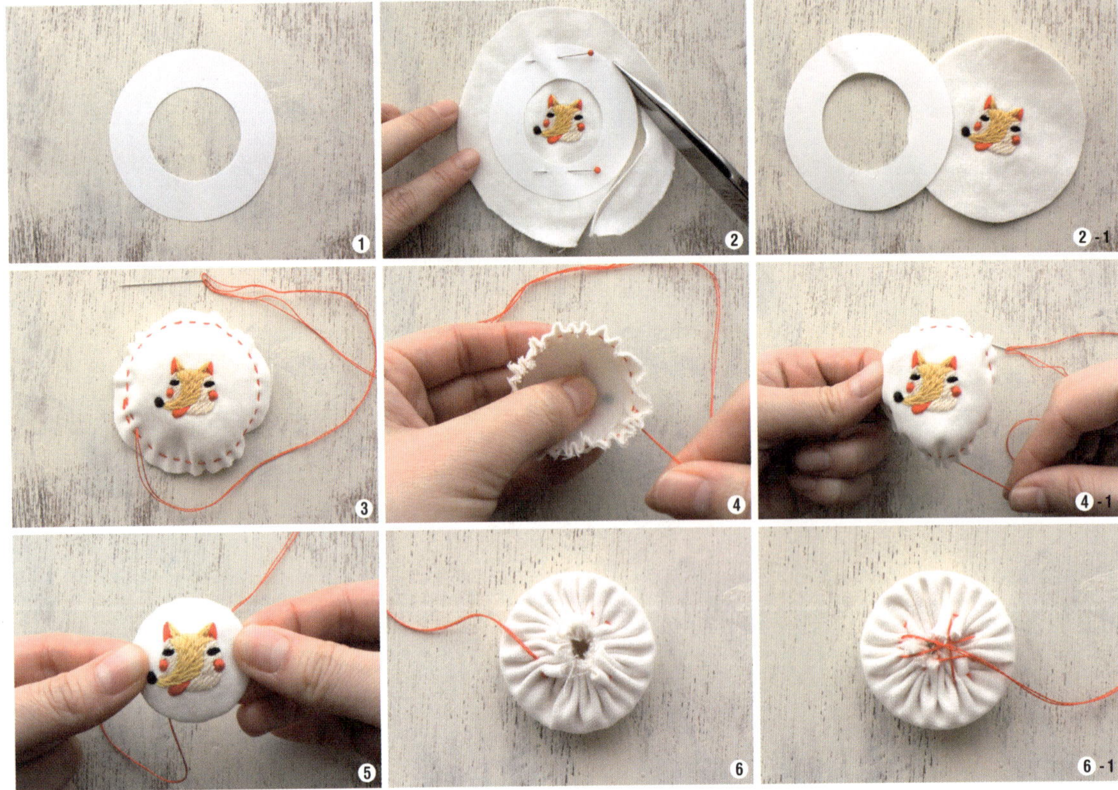

1 부록의 패턴을 이용해 가운데를 동그랗게 오린 패턴 종이를 준비합니다.

2 사진처럼 완성된 자수 원단 위에 패턴을 올려놓고 패턴의 바깥쪽 원에 맞추어 천을 자릅니다.

참고 안쪽의 원은 완성된 브로치 크기와 비슷합니다. 이 안쪽 원으로 자수를 확인하면서 동물 자수가 정중앙에 배치되게끔 만들어줍니다.

3 2번의 자수를 시접 5~7mm 정도 남기고 사진처럼 둘레를 홈질합니다.

4 3번의 뒷면에 완성된 자수 천의 형태를 잡아줄 동그란 싸개단추를 대고 앞면을 보면서 실을 잡아당기면 사진처럼 오므라들면서 입체적인 모양이 만들어집니다. 이때 너무 꽉 조이지 말고 조금 넉넉하게 조금씩 당깁니다.

참고 싸개단추나 기타 수예품은 동대문종합시장 5, 6층에서 손쉽게 구할 수 있습니다.

5 앞면을 보면서 자수가 정중앙에 오도록 조정합니다.

6 자수 뒷면은 끊어지지 않을 정도로 실을 당겨 사진처럼 브로치의 형태가 잘 드러나도록 오므린 후 풀어지지 않도록 매듭짓습니다.

7 이제 가죽과 브로치 핀을 이용해 브로치 뒤쪽을 마감할 차례입니다. 먼저 가죽에 핀을 꿰매 달겠습니다. 가죽의 앞면에 핀을 대고 가죽의 뒤에서 앞으로 아래 사진과 같이 바늘을 넣습니다.

참고 가죽의 앞면이 브로치 뒷면으로 완성되고 가죽의 뒷면이 브로치 뒷면과 접착면이 됩니다. 가죽의 크기는 싸개단추 크기와 같으며 가죽 대신 펠트지나 합성피혁 등으로 대체할 수 있습니다.

8 앞면으로 빼낸 바늘을 뒤로 뺐다가 사진과 같이 가죽의 뒷면에 실의 고리를 조금 남겨두고 다시 앞으로 가져왔다가 뒤쪽으로 바늘을 통과시킵니다.

9 8번의 고리 안에 바늘을 통과시켜 실을 당기면 매듭 없이도 실이 탄탄하게 고정됩니다.

10 어긋나지 않게 브로치 핀을 꿰매 단 후 가죽의 뒷면에서 실을 매듭지어 마무리합니다.

11 이제 브로치와 가죽을 봉제할 차례입니다. 브로치 베이스를 좀 더 견고하게 만들어줄 판지용 종이를 본드로 가죽에 붙입니다.

참고 가죽에 판지용 종이를 붙일 때 너무 두꺼운 종이를 사용하지 않도록 주의하세요. 마분지 1장 정도의 두께면 적당합니다.

12 브로치의 상하와 평행이 되도록 핀을 고정해줍니다. 먼저 봉제한 가죽을 엄지와 중지로 잡고 핀을 중지와 평행이 되게 한 다음 검지로 핀 위쪽을 잡고 엄지를 떼어 사진처럼 만들어줍니다.

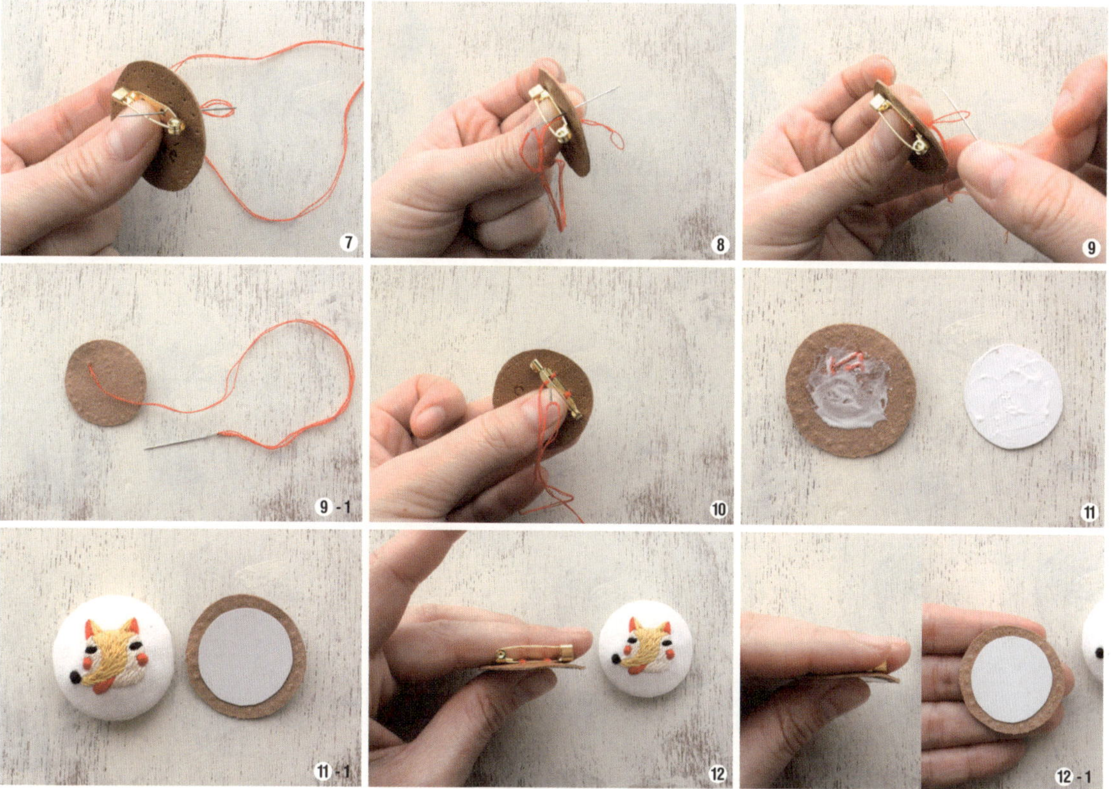

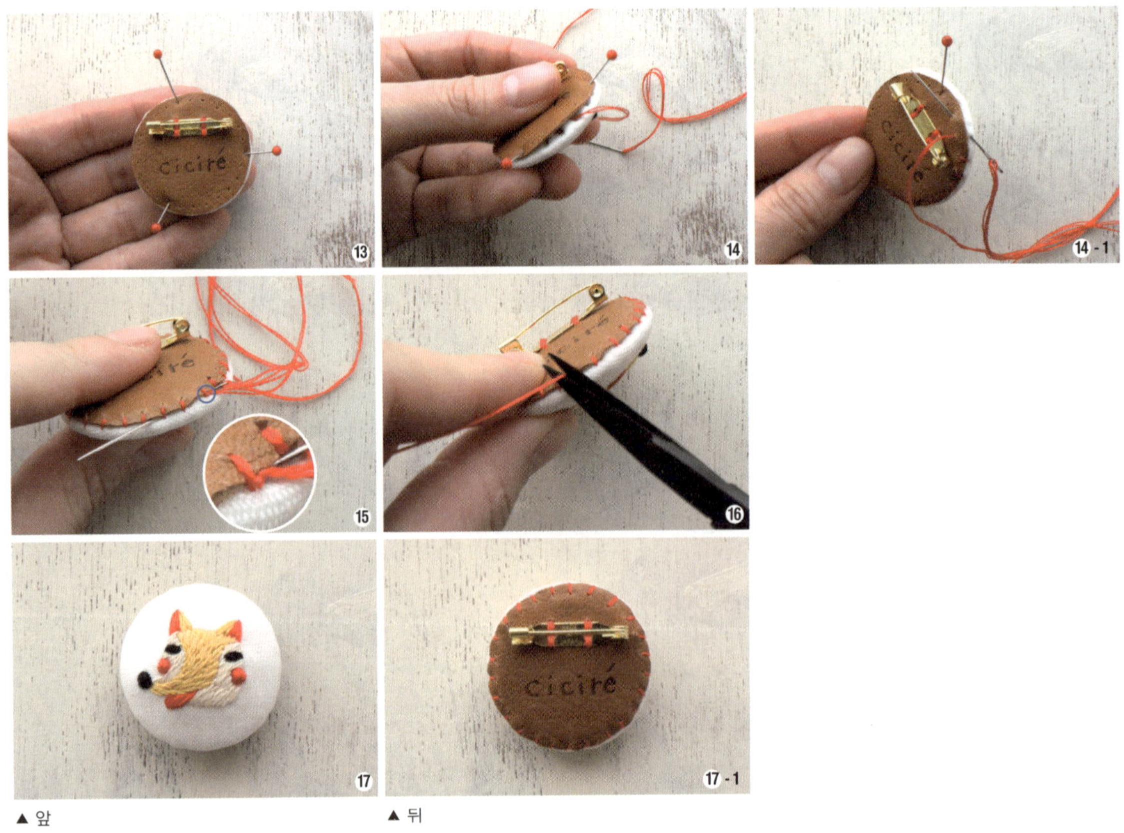

▲ 앞

▲ 뒤

13 12번 위에 브로치 앞면을 핀과 수평이 되게 올린 후 방향이 어긋나지 않도록 뒷면을 시침핀으로 고정합니다.

14 실이 수직으로 보이도록 바느질한 후 브로치와 봉제한 가죽을 고정합니다.

15 어느 정도 바느질이 마무리되면 바느질한 실 중 한 올을 바늘로 한 바퀴 돌려 사진처럼 매듭이 보이지 않도록 가죽 안쪽으로 바느질합니다.

16 바느질한 실이 잘리지 않도록 주의하면서 실을 쪽가위로 바짝 잘라 마무리해 줍니다.

17 완성된 브로치의 모습입니다.

②

달리는 새 브로치 만들기

Ready to do

〖 도안 〗

〖 방향 〗

〖 스티치 〗

프렌치 노트 스티치, 스트레이트 스티치, 새틴 스티치, 아우트라인 스티치, 치치레의 Fill 스티치

〖 크기 〗

가로 2.8cm×세로 2.8cm

〖 컬러 〗

ECRU 307 310 420 666 3325

How to make

1 310번사 1올로 3회 감아 프렌치 노트 스티치로 수놓고, '✳' 모양으로 4~5회 스트레이트 스티치해 눈을 만들어 줍니다.

2 666번사 1올로 3회 감아 프렌치 노트 스티치로 수놓고 '✳' 모양으로 5~6회 스트레이트 스티치해 볼을 만들어 줍니다.

참고 볼을 눈보다 조금 크게 만들어줍니다.

3 아랫부리에서 윗부리 순으로 새틴 스티치하되, 그림처럼 방향을 바꾸어 수놓습니다. 이때 실은 307번사 2올을 이용합니다.

PAGE 새틴 스티치 34쪽

4 3325번사 2올로 그림처럼 방향에 주의하여 꼬리 안쪽을 새틴 스티치합니다.

5 420번사 2올로 그림처럼 안쪽 꼬리와 방향을 맞추어 바깥쪽 꼬리를 새틴 스티치합니다.

6 계속해서 그림을 참고해 420번사 2올로 날개를 수놓습니다. 이때 곡선 부분은 아우트라인 스티치로, 나머지 부분은 새틴 스티치로 수놓습니다.

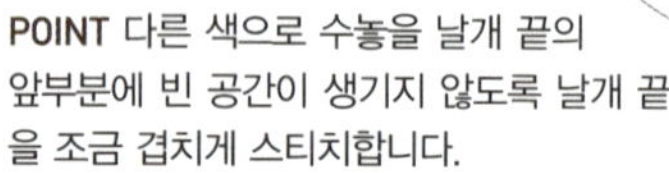

POINT 다른 색으로 수놓을 날개 끝의 앞부분에 빈 공간이 생기지 않도록 날개 끝을 조금 겹치게 스티치합니다.

PAGE 아우트라인 스티치 41쪽

7 3325번사 2올로 6번에서 스티치한 부분과 살짝 겹치도록 날개 끝을 새틴 스티치합니다.

POINT 이렇게 삼각형 면을 수놓을 때는 바늘이 한 군데로 몰려 구멍이 커지지 않도록 주의하세요.

8 ECRU사 2올로 새의 몸통을 치치레의 Fill 스티치로 수놓습니다.

PAGE 치치레의 Fill 스티치 42쪽

9 6~7번 과정을 반복해 420번사 2올과 3325번사 2올을 이용해 왼쪽 날개를 수놓습니다.

10 420번사 2올을 이용해 세로 방향으로 새틴 스티치해 다리를 수놓습니다. 이때 다리 아래쪽으로 갈수록 면이 모아지게 수놓아 줍니다.

11 계속해서 307번사 2올로 가로 방향으로 3개의 직선을 균등한 간격으로 스트레이트 스티치합니다.

참고 이렇게 균등한 간격으로 스트레이트 스티치할 때는 위와 아래쪽을 먼저 스티치한 후 가운데의 직선을 스티치하면 일정한 간격으로 수놓을 수 있습니다.

12 3325번사 2올을 이용해 스트레이트 스티치해 직선으로 새의 뿔을 수놓고, 3회 감아 프렌치 노트 스티치해 뿔 위쪽을 장식해줍니다.

13 310번사 1올로 스트레이트 스티치해 그림처럼 속눈썹을 만들어줍니다.

참고 넓은 몸통을 모두 수놓은 후에 스티치하면 깔끔한 속눈썹을 만들 수 있습니다.

③

헤엄치는 물고기 브로치 만들기

Ready to do

〖 도안 〗

〖 방향 〗

〖 스티치 〗

프렌치 노트 스티치, 스트레이트 스티치, 새틴 스티치, 아우트라인 스티치, 치치레의 Fill 스티치

〖 크기 〗

가로 2.5cm×세로 2.2cm

〖 컬러 〗

○ ECRU ● 310 ● 434 ● 666 ● 823 ● 3325

How to make

1 666번사 2올을 3회 감아 프렌치 노트 스티치하고, '✳' 모양으로 8~10회 스트레이트 스티치해 물고기의 볼을 수놓습니다.

2 계속해서 666번사 2올을 이용해 입을 만듭니다. 왼쪽에서 오른쪽 방향으로 곡선 형태를 유지하면서 아우트라인 스티치로 수놓습니다.

PAGE 아우트라인 스티치 41쪽

3 310번사 1올로 새틴 스티치해 눈을 만듭니다. 이때 바늘이 한 곳에 몰려 원단에 구멍이 생기지 않도록 주의하면서 여러 번 겹치게 누벼서 볼록하게 눈의 입체감을 표현합니다.

참고 면이 대칭인 경우 가운데를 먼저 수놓은 후 양쪽 끝으로 수놓아 가면 균형 있는 형태를 만들 수 있습니다. 눈의 경우에는 가운데서부터 위아래 순으로 수놓습니다.

PAGE 눈 수놓기 46쪽

4 이제 얼굴을 수놓을 차례입니다. 옆모습의 물고기는 코나 입 쪽으로 모아지게 수를 놓는 것이 효과적입니다. 전체적인 형태를 생각하면서 스트레이트 스티치와 롱 앤드 쇼트 스티치, 새틴 스티치, 아우트라인 스티치가 혼합된 치치레의 Fill 스티치로 넓은 면을 채웁니다.

PAGE 치치레의 Fill 스티치 42쪽

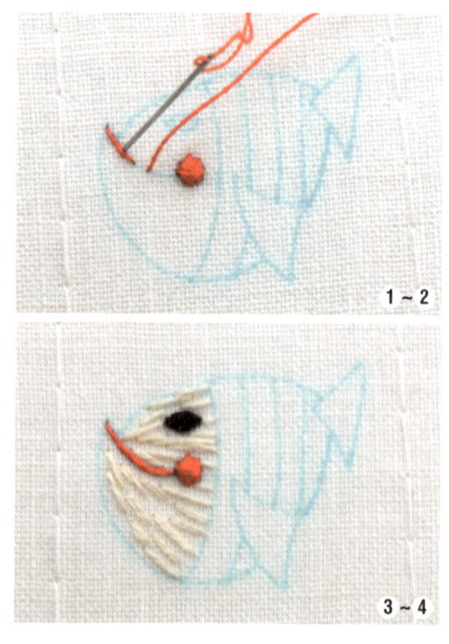

▲ 완성된 물고기 자수

5 삼각형 모양의 오른쪽 지느러미는 434번사 2올을 이용해 직선 형태를 살려 새틴 스티치로 수놓습니다.

6 곡선 모양의 왼쪽 지느러미는 새틴 스티치를 한 후 촘촘하게 다시 한 번 면적을 메워 줍니다. 지느러미의 아래쪽 곡선 라인은 아우트라인 스티치로 수놓습니다.

POINT 삼각형처럼 각이 날카로운 부분은 모서리를 깔끔하게 수놓기 쉽지 않습니다. 이런 경우엔 47쪽을 참고해 우선 모서리 방향대로 수놓은 후 반대 방향으로 새틴 스티치하면 깔끔하고 수월하게 마무리할 수 있습니다.

7 823번사 2올을 이용해 스트라이프 무늬의비늘을 수놓습니다. 먼저 모서리를 부채꼴 모양으로 수놓은 다음 사진처럼 반대 방향으로 성글게 스트레이트 스티치합니다. 그리고 다시 한 번 새틴 스티치로 촘촘하게 메워 줍니다.

8 나머지 비늘도 7번과 같은 방법으로 3325번사 2올로 사진처럼 수놓습니다. 이때 7번과 반대 방향으로 스티치해 면을 구분해 줍니다.

④

스마일 돌고래 브로치 만들기

Ready to do

〖 도안 〗

〖 방향 〗

〖 스티치 〗

프렌치 노트 스티치, 스트레이트 스티치, 새틴 스티치, 롱 앤드 쇼트 스티치, 아웃트라인 스티치

〖 크기 〗

가로 2.7cm×세로 1.8cm

〖 컬러 〗

○ ECRU ● 310 ● 666 ● 760 ● 3325

How to make

1 310번사 2올로 2회 감아 프렌치 노트 스티치하고, '✳' 모양으로 2~3회 스트레이드 스티치해 돌고래의 눈을 만들어줍니다.

PAGE 프렌치 노트 스티치 + 스트레이트 스티치 37쪽

2 ECRU사 1올로 검은 눈동자 주변을 두 바퀴 아웃트라인 스티치로 수놓아 눈의 흰자를 만들어줍니다.

참고 이때 흰 실이 검은 눈동자에 닿지 않도록 주의하고 속눈썹은 몸통 면적을 다 채우고 나서 가장 마지막에 수놓습니다.

PAGE 아웃트라인 스티치 41쪽

3 666번사 2올을 이용해 1번과 같은 방법으로 볼을 만들되 프렌치 노트 스티치는 3회 감아 수놓고, 스트레이트 스티치는 8~10회 수놓습니다.

4 3325번사 2올을 이용해 지느러미와 몸통을 수놓습니다. 사진처럼 방향을 바꿔 가면서 새틴 스티치합니다.

POINT 턱 아래와 지느러미의 모서리처럼 뾰족한 부분은 47쪽을 참고해 모서리 방향대로 짧게 수놓은 후 전체적으로 다시 한 번 촘촘히 면을 메워 줍니다.

5 이제 돌고래의 배를 수놓을 차례입니다. 곡선 형태를 고려해 사진과 똑같은 방향으로 수놓습니다. ECRU사 2올로 왼쪽은 롱 앤드 쇼트 스티치하고 오른쪽은 새틴 스티치합니다. 입 안쪽은 760번사 2올로 방향을 바꿔 새틴 스티치합니다.

6 310번사 1올로 스트레이트 스티치해 사진처럼 속눈썹을 수놓습니다.

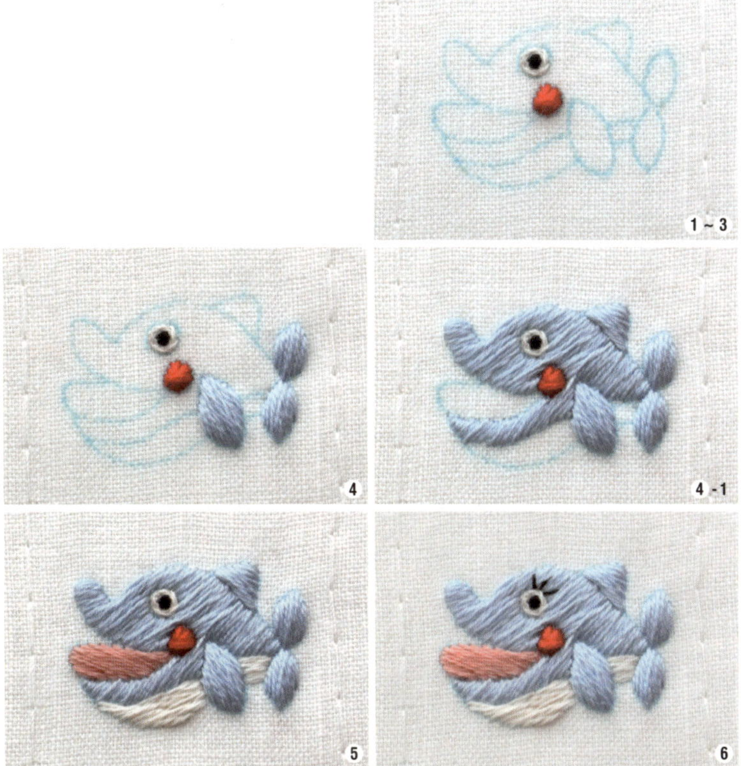

⑤

우직한 고래 브로치 만들기

Ready to do

〖 도안 〗

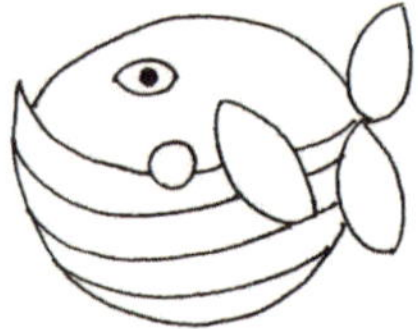

〖 방향 〗

〖 스티치 〗

프렌치 노트 스티치, 스트레이트 스티치, 새틴 스티치, 아우트라인 스티치

〖 크기 〗

가로 2.7cm×세로 2.2cm

〖 컬러 〗

○ ECRU ● 310 ● 434 ● 666 ● 939

How to make

1 우선 면적이 가장 넓은 고래의 얼굴부터 만들어 보겠습니다. 볼은 666번사 2올로 3회 감아 프렌치 노트 스티치하고, 그 위를 '✳' 모양으로 8~10회 정도 스트레이트 스티치해 수놓습니다. 입은 666번사 1올로 아우트라인 스티치, 눈은 ECRU사 1올로 새틴 스티치합니다.

참고 보통 사람이든 동물이든 눈은 상하로 대칭되는데 이렇게 대칭될 경우에는 가운데를 먼저 수놓은 후 위아래를 수놓으면 대칭 형태를 균등하게 잘 표현할 수 있습니다.

PAGE 눈 수놓기 46쪽

2 이제 지느러미와 몸통을 수놓을 차례입니다. 939번사 2올로 각각 면의 방향을 바꿔가며 새틴 스티치합니다. 이때 방향은 사진을 참고합니다.

3 이번에는 배지느러미를 만들어 보겠습니다. 먼저 434번사 2올로 아우트라인 스티치로 사진처럼 배지느러미 모양으로 수놓고 안쪽을 ECRU사 2올로 새틴 스티치합니다. 이때 방향은 사선이 되게 합니다.

POINT 모서리 부분 수놓기 47쪽

4 사진처럼 310번사 2올로 가로 중앙에서 위아래로 새틴 스티치해 검은 눈동자를 수놓습니다.

⑥

토끼 얼굴 브로치 만들기

Ready to do

〖 도안 〗

〖 방향 〗

〖 스티치 〗

프렌치 노트 스티치, 스트레이트 스티치, 새틴 스티치, 아웃트라인 스티치

〖 크기 〗

가로 2.5cm×세로 2.1cm

〖 컬러 〗

○ ECRU ● 310 ● 666

How to make

1 310번사 1올로 눈과 코를 수놓습니다. 이때 눈과 코는 형태가 거의 비슷하고 색도 같으므로 한번에 수놓아도 무방합니다.

PAGE 눈, 코 수놓기 46쪽

POINT 원단에 구멍이 생기지 않도록 주의하면서 몇 번 누비면 볼록하게 입체감을 표현할 수 있습니다.

2 666번사 2올로 3회 감아 프렌치 노트 스티치하고, 그 위에 '✳' 모양으로 8~10회 정도 스트레이트 스티치로 수놓아 토끼의 볼을 완성합니다.

3 계속해서 666번사 2올로 사진처럼 세로 방향으로 새틴 스티치해 귀를 수놓습니다.

4 666번사 2올로 입의 맨 아래쪽을 아우트라인 스티치로 수놓고, 입 안쪽은 새틴 스티치로 수놓습니다.

5 ECRU사 1올을 3회 감아 입 주변을 프렌치 노트 스티치로 수놓습니다.

6 ECRU사 2올로 사진처럼 방사형으로 성글게 수놓아 스티치의 방향을 잡습니다.

POINT 이처럼 정면을 바라보는 얼굴은 가운데에서 바깥쪽으로 퍼져나가도록 새틴 스티치로 수놓습니다.

7 눈과 코 주변의 빈 공간은 다시 짧은 스티치를 몇 번 더 수놓은 다음, 전체적으로 다시 한 번 촘촘하게 새틴 스티치로 수놓아 줍니다. 더불어 귀도 함께 새틴 스티치로 수놓습니다.

POINT 이때 볼과 눈을 건드리지 않도록 주의합니다.

고양이 얼굴 브로치 만들기

Ready to do

〖 도안 〗

〖 방향 〗

〖 스티치 〗

프렌치 노트 스티치, 스트레이트 스티치, 새틴 스티치, 아우트라인 스티치

〖 크기 〗

가로 3.7cm×세로 2.2cm

〖 컬러 〗

○ ECRU ● 310 ● 420 ● 666

How to make

1 666번사 2올로 3회 감아 프렌치 노트 스티치하고, '✳' 모양으로 8~10회 정도 스트레이트 스티치해 볼을 수놓습니다.

2 666번사 2올로 귀 바깥쪽을 새틴 스티치로 채우고 계속해서 입 주변의 곡선을 아우트라인 스티치하고 웃는 입 안쪽은 가로 방향으로 새틴 스티치합니다.

3 310번사 1올로 중앙의 긴 부분부터 시작해 위아래로 새틴 스티치해 코를 완성합니다. PAGE 코 수놓기 46쪽

4 3번 과정을 참고해 ECRU사 1올로 새틴 스티치해 눈의 흰자를 수놓습니다.

참고 눈은 동물이든 사람이든 얼굴의 전체 인상을 좌우하는 부위이므로 더욱 세심하게 수놓습니다.

5 이제 얼굴을 수놓을 차례입니다. 얼굴은 아래쪽에서 위쪽의 순서로 수놓습니다. ECRU사 2올로 얼굴의 아래쪽을 수놓고, 얼굴 위쪽은 420번사 2올을 이용해 방사형으로 새틴 스티치합니다. PAGE 방사형 새틴 스티치 45쪽

6 계속해서 420번사 2올로 귀 안쪽을 삼각형 모양으로 새틴 스티치합니다.

7 310번사 2올로 3회 감아 프렌치 노트 스티치해 검은 눈동자를 수놓습니다.

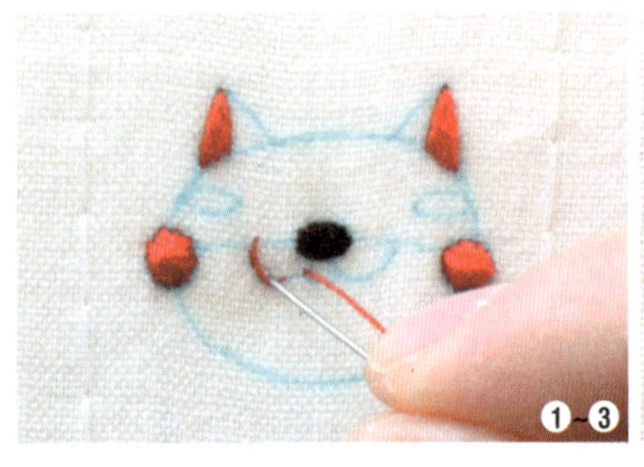

8

북극곰 얼굴 브로치 만들기

Ready to do

〖도안〗

〖방향〗

〖스티치〗

프렌치노트 스티치, 스트레이트 스티치, 새틴 스티치, 아우트라인 스티치

〖크기〗

가로 2.2cm×세로 2.1cm

〖컬러〗

○ ECRU ● 310 ● 415 ● 666

How to make

1 68쪽의 고양이 얼굴 브로치 만들기를 참고해 북극곰의 눈과 코, 입, 입안, 입 주변 등을 모두 새틴 스티치로 수놓습니다.

2 북극곰의 얼굴은 ECRU사 2올로 가운데에서 바깥쪽 방향으로 새틴 스티치합니다.

3 북극곰에서 간단히 실 색깔과 눈 모양만 살짝 바꿔주면 숲 속에 사는 곰돌이를 수놓을 수 있습니다.

- **눈·코** : 310번사 2올 새틴 스티치
- **입** : 666번사 2올 아우트라인 스티치
- **입 주변** : 415번사 2올 방사형 새틴 스티치
- **입안** : 666번사 2올 새틴 스티치

1 ~ 2

3

〖컬러〗

○ ECRU ● 310 ● 400 ● 666

9

여우 얼굴 브로치 만들기

Ready to do

〖 도안 〗

〖 방향 〗

〖 스티치 〗

프렌치 노트 스티치, 스트레이트 스티치, 새틴 스티치, 치치레의 Fill 스티치

〖 크기 〗

가로 1.8cm×세로 2.7cm

〖 컬러 〗

● 310 ● 666 ● 739 ● 3821

How to make

1 666번사 2올로 3회 감아 프렌치 노트 스티치하고 '✳' 모양으로 오른쪽은 8~10회, 왼쪽은 5~7회 정도 스트레이트 스티치해 여우의 볼을 수놓습니다.

참고 약간 고개를 돌린 동물의 양쪽 볼은 크기를 달리해 수놓습니다. 이는 스트레이트 스티치의 횟수에 차이를 두어 표현해 주면 됩니다.

2 귀의 바깥쪽은 666번사 2올로 삼각형 형태대로 수놓습니다.

주의 삼각형 형태로 수놓을 때 바늘이 한군데로 모아져 원단에 구멍이 나지 않도록 주의하세요.

3 눈은 46쪽을 참고해 310번사 1올로 새틴 스티치해 수놓습니다.

4 코는 1번과 같은 방법으로 수놓되 310번사 2올을 이용해 3회 감아 프렌치 노트 스티치하고, '✳' 모양으로 8~10회 정도 스트레이트 스티치합니다.

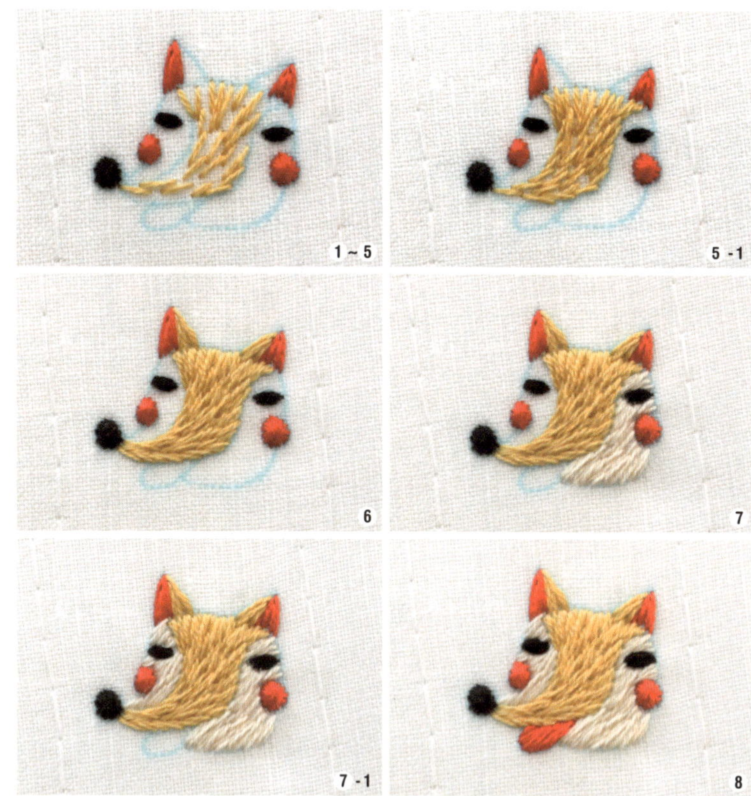

5 3821번사 2올로 얼굴의 가운데 면을 치치레의 Fill 스티치로 수놓아 줍니다.

POINT 이때 바로 옆에 스티치한 실의 길이와 똑같지 않게 하는 것이 중요합니다. 길이를 서로 다르게 해야 면을 다 채웠을 때 훨씬 생동감 있는 얼굴이 만들어지기 때문입니다. 이는 새틴 스티치와 롱 앤드 쇼트 스티치의 중간 정도의 형태가 됩니다.

PAGE 치치레의 Fill 스티치 42쪽

6 3821번사 2올로 귀 안쪽을 새틴 스티치로 수놓습니다.

7 5번과 같은 방법으로 얼굴의 양옆을 수놓은 후, 739번사 2올로 메워 줍니다.

PAGE 치치레의 Fill 스티치 42쪽

8 666번사 2올로 사진을 참고해 혀를 새틴 스티치로 수놓습니다.

⑩

늑대 얼굴 브로치 만들기

Ready to do

〖 도안 〗

〖 방향 〗

〖 스티치 〗

프렌치 노트 스티치, 스트레이트 스티치, 새틴 스티치, 아우트라인 스티치, 치치레의 Fill 스티치

〖 크기 〗

가로 1.8cm×세로 2.7cm

〖 컬러 〗

○ ECRU ● 310 ● 400 ● 666 ● 760

How to make

1 70쪽의 여우 얼굴 만드는 과정을 참고해 늑대의 볼, 귀, 입, 코, 눈 흰자, 이빨 순으로 수놓습니다.
2 옆모습의 얼굴 방향을 고려해 코를 향해 400번사 2올로 성글게 스티치합니다.
3 얼굴을 2번의 방향대로 촘촘히 수놓아 면을 채웁니다. 이어서 귀도 삼각형 모양으로 새틴 스티치합니다.
4 760번사 2올로 혀를 내민 방향대로 새틴 스티치해 혀를 수놓습니다.
5 눈동자는 310번사 1올로 3회 감아 프렌치 노트 스티치로 수놓습니다.

- **볼** : 666번사 2올로 3회 감아 프렌치 노트 스티치하고, 왼쪽 볼은 '✳' 모양으로 스트레이트 스티치 4~6회, 오른쪽 볼은 8~10회
- **귀 안쪽** : 400번사 2올로 새틴 스티치
- **귀 바깥쪽** : 666번사 2올로 새틴 스티치
- **입** : 666번사 2올로 아우트라인 스티치
- **코** : 310번사 2올로 3회 감아 프렌치 노트 스티치하고 '✳' 모양으로 스트레이트 스티치 8~10회
- **눈 흰자·이빨** : ECRU사 1올로 새틴 스티치

1

2

3 ~ 5

11

다람쥐 얼굴 브로치 만들기

Ready to do

〖 도안 〗

〖 방향 〗

〖 스티치 〗

프렌치 노트 스티치, 스트레이트 스티치, 새틴 스티치

〖 크기 〗

가로 2.4cm×세로 1.8cm

〖 컬러 〗

○ ECRU ● 310 ● 422 ● 666 ● 738 ● 975

How to make

1 볼, 눈, 코, 입, 입 주변 등의 작은 면적부터 시작해 귀 바깥쪽과 머리 순으로 수놓습니다.

2 975번사 2올로 귀 안쪽과 머리 위쪽을 사진처럼 삼각형 모양으로 새틴 스티치합니다. 다람쥐 얼굴도 738번사 2올로 방사형으로 새틴 스티치해 수놓습니다.

3 310번사 1올로 3회 감아 프렌치 노트 스티치해 검은 눈동자를 수놓습니다.

- **볼** : 666번사 2올로 3회 감아 프렌치 노트 스티치하고, '*' 모양으로 스트레이트 스티치 8~10회
- **눈** : ECRU사 1올로 중앙을 기준으로 상하로 대칭되도록 새틴 스티치
- **코** : 310번사 1올로 새틴 스티치
- **입** : 666번사 2올로 새틴 스티치
- **입 주변** : ECRU사 1올로 1회 감아 프렌치 노트 스티치
- **머리 패턴** : 422번사 1올로 삼각형 모양으로 새틴 스티치

1

2

3

생쥐 얼굴 브로치 만들기

Ready to do

〖 도안 〗

〖 방향 〗

〖 스티치 〗

프렌치 노트 스티치, 스트레이트 스티치, 새틴 스티치, 아우트라인 스티치, 치치레의 Fill 스티치

〖 크기 〗

가로 2.8cm×세로 2.7cm

〖 컬러 〗

○ ECRU ● 310 ● 666 ● 838 ● 3884 ● 3779

How to make

1 72쪽의 늑대 얼굴 브로치 만드는 과정을 참고해 생쥐의 볼, 코, 입, 눈, 이빨, 귀 안쪽을 수놓습니다. 볼과 코는 프렌치 노트 스티치와 스트레이트 스티치로 수놓고 입은 아우트라인 스티치, 나머지는 새틴 스티치로 수놓습니다. 이때 볼은 666번사 2올, 입은 1올, 눈과 이빨은 ECRU사 1올, 코는 838번사 2올, 귀 안쪽은 3779번사 2올을 사용합니다.

2 3884번사 2올로 얼굴 방향대로 치치레의 Fill 스티치로 수놓아 여우의 얼굴 라인을 잡아 줍니다.

PAGE 치치레의 Fill 스티치 42쪽

3 2번의 얼굴 라인을 따라 여우 얼굴을 촘촘하게 수놓고, 귀 바깥쪽도 새틴 스티치로 수놓습니다.

13

하마 얼굴 브로치 만들기

Ready to do

〖 도안 〗

〖 방향 〗

〖 스티치 〗

프렌치 노트 스티치, 스트레이트 스티치, 새틴 스티치, 아우트라인 스티치, 치치레의 Fill 스티치

〖 크기 〗

가로 2.4cm×세로 2.2cm

〖 컬러 〗

○ ECRU ● 310 ● 666 ● 760 ● 3895

How to make

1 666번사 2올로 3회 감아 프렌치 노트 스티치하고 '✳' 모양으로 오른쪽은 8~10회, 왼쪽은 5~7회 스트레이트 스티치해 하마의 볼을 수놓습니다. 계속해서 반타원 형태인 귀 바깥쪽을 새틴 스티치합니다.

2 입은 760번사 1올로 아우트라인 스티치로 수놓습니다. PAGE 아우트라인 스티치 41쪽

3 콧구멍은 310번사 2올로 새틴 스티치하고 계속해서 눈을 수놓습니다. 먼저 검은 눈동자는 310번사 2올로 2회 감아 프렌치 노트 스티치하고, '✳' 모양으로 2~3회 스트레이트 스티치해 수놓습니다.

4 ECRU사 1올로 아우트라인 스티치로 눈의 흰자를 수놓습니다. 검은 눈동자 주위를 두 바퀴 돌려 수놓아 주면 됩니다.

5 이빨은 ECRU사 1올로 가로 방향으로 새틴 스티치해 수놓아 줍니다.

6 얼굴은 3895번사 2올을 이용해 치치레의 Fill 스티치로 얼굴 방향에 따라 수놓습니다. PAGE 치치레의 Fill 스티치 42쪽

7 귀 안쪽은 6번과 같은 실로 수놓되 중앙에서 바깥 위쪽으로 뻗어나가도록 새틴 스티치합니다.

8 310번사 1올로 스트레이트 스티치해 사진처럼 속눈썹을 수놓습니다.

1 ~ 5

6

7 ~ 8

코끼리 얼굴 브로치 만들기

Ready to do

〖 도안 〗

〖 방향 〗

〖 스티치 〗

프렌치 노트 스티치, 스트레이트 스티치, 새틴 스티치, 아우트라인 스티치, 치치레의 Fill 스티치

〖 크기 〗

가로 2.3cm×세로 2.7cm

〖 컬러 〗

○ ECRU ● 300 ● 310 ● 666 ● 3779 ● 3895

How to make

1 666번사 2올로 3회 감아 프렌치 노트 스티치하고 '✳' 모양으로 스트레이트 스티치해 볼을 수놓습니다. 이때 볼의 왼쪽은 5~7회, 오른쪽은 8~10회 스티치합니다.

POINT 얼굴이 정면이 아니고 반 측면이기 때문에 두 볼의 크기가 다소 다릅니다. 시선에서 조금 먼 왼쪽 볼은 조금 작게, 오른쪽 볼은 조금 크게 수놓기 위해 스트레이트 스티치의 횟수를 서로 다르게 해줍니다.

2 입의 곡선을 따라 666번사 1올로 아우트라인 스티치로 수놓습니다. 이때 입은 코와 턱이 만나는 지점에서 시작해 볼로 이동하며 수놓습니다.

3 검은 눈동자는 310번사 2올로 2회 감아 프렌치 노트 스티치하고, '✳' 모양으로 2~3회 스트레이트 스티치합니다.

4 눈의 흰자는 ECRU사 1올로 아우트라인 스티치로 표현해 줍니다. 검은 눈동자 주변을 따라 두 바퀴 돌려 수놓으면 됩니다.

참고 이때 검은 눈동자에 닿지 않도록 조심스럽게 수놓습니다.

5 300번사 2올을 이용해 귀의 안쪽을 세로로 새틴 스티치합니다.

6 이제 코끼리의 얼굴을 수놓을 차례입니다. 코끼리의 털과 코의 방향을 의식해서 3895번사 2올로 치치레의 Fill 스티치로 수놓아 줍니다.

POINT 이때 바로 옆의 스티치 길이와 같지 않도록 수놓는 것이 포인트입니다.

참고 코끝은 47쪽을 참고해 예각 부분을 깔끔하게 처리합니다.

7 계속해서 3895번사 2올로 새틴 스티치해 귀의 바깥쪽을 수놓습니다. 이때 얼굴과의 경계를 위해 사진처럼 스티치 방향을 얼굴과 다르게 해줍니다.

8 3779번사 2올로 새틴 스티치해 사진처럼 코끼리의 코 안쪽을 수놓습니다.

9 3895번사 1올로 스트레이트 스티치해 코 위에 주름을 만들어줍니다.

POINT 이때 코에서 바깥쪽으로 조금 벗어나게 수놓아 줍니다.

15

기린 얼굴 브로치 만들기

Ready to do

〖 도안 〗

〖 방향 〗

〖 스티치 〗

프렌치 노트 스티치, 스트레이트 스티치, 새틴 스티치, 아우트라인 스티치, 치치레의 Fill 스티치

〖 크기 〗

가로 2.2cm×세로 3.7cm

〖 컬러 〗

○ ECRU ● 300 ● 307 ● 310 ● 666

How to make

1 666번사 2올로 3회 감아 프렌치 노트 스티치하고 '✳' 모양으로 왼쪽은 5~7회, 오른쪽은 8~10회 스트레이트 스티치해 기린의 볼을 수놓습니다.

2 계속해서 666번사 2올로 사진처럼 반타원 형태의 귀 바깥쪽을 새틴 스티치해 수놓습니다.

3 666번사 1올로 곡선을 그리며 아우트라인 스티치로 입을 수놓습니다.

4 ECRU사 1올로 새틴 스티치해 눈의 흰자를 수놓습니다.

PAGE 눈 수놓기 46쪽

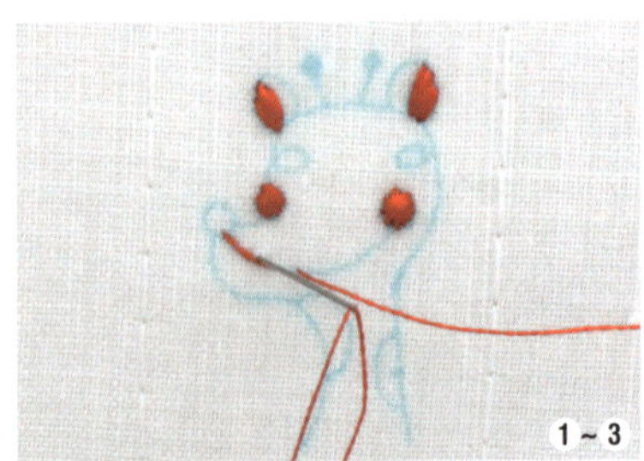

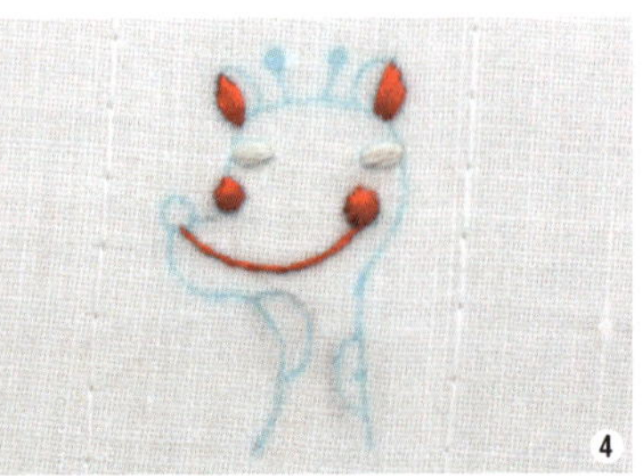

5 300번사 2올로 3회 감아 프렌치 노트 스티치하고, '✳' 모양으로 8~10회 스트레이트 스티치해 코를 수놓습니다.

6 계속해서 목의 얼룩무늬도 만들어줍니다. 우선 얼룩무늬의 왼쪽 바깥쪽 곡선을 따라 아우트라인 스티치하고 나머지는 새틴 스티치로 수놓습니다.

7 이제 얼굴과 목을 수놓을 차례입니다. 307번사 2올로 기린의 얼굴 방향을 의식해서 대략적으로 스트레이트 스티치합니다. 어느 정도 면이 메워지면 대충 누볐던 공간을 다시 한 번 촘촘하게 채워 줍니다. 이때 바로 옆의 스티치 길이와 똑같아지지 않게 주의합니다.

PAGE 치치레의 Fill 스티치 42쪽

8 307번사 2올로 귀의 바깥쪽 형태와 대칭이 되도록 반타원형 형태를 고려해 새틴 스티치로 수놓아 귀를 완성합니다.

9 300번사 2올을 3회 감아 프렌치 노트 스티치하고 얼굴 쪽으로 스트레이트 스티치해 뿔을 수놓습니다.

10 310번사 2올을 3회 감아 프렌치 노트 스티치해 검은 눈동자를 만들고, 310번사 1올을 눈 위쪽으로 스트레이트 스티치해 속눈썹을 수놓습니다.

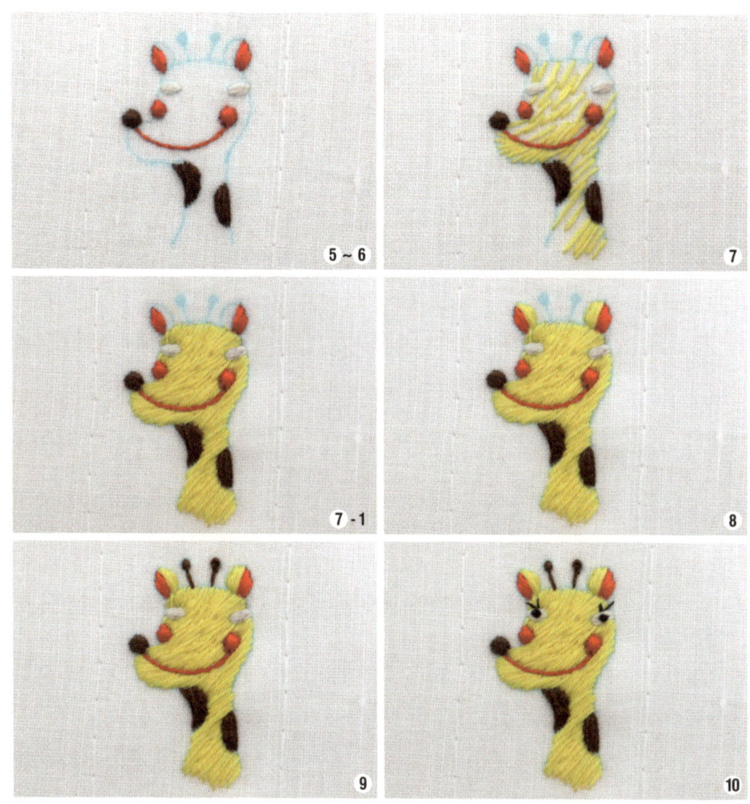

⑯

강아지 얼굴 브로치 만들기

Ready to do

〖 도안 〗

〖 방향 〗

〖 스티치 〗

프렌치 노트 스티치, 스트레이트 스티치, 새틴 스티치, 아우트라인 스티치, 치치레의 Fill 스티치

〖 크기 〗

가로 2.4cm×세로 2.0cm

〖 컬러 〗

○ ECRU ● 300 ● 310 ● 420 ● 666 ● 739 ● 760

How to make

1 666번사 2올로 강아지의 양 볼을 3회 감아 프렌치 노트 스티치하고, 그 위에 '✳' 모양으로 오른쪽 8~10회, 왼쪽을 5~7회씩 스트레이트 스티치해 볼을 입체감 있게 수놓습니다.

2 1번과 마찬가지로 310번사 2올로 프렌치 노트 스티치 위에 '✳' 모양으로 스트레이트 스티치를 8~10회 수놓아 코를 만들어줍니다.

3 입의 곡선이 잘 살도록 커브를 그리면서 666번사 1올로 아우트라인 스티치로 수놓습니다.

4 눈은 검은 눈동자에서 흰자 순으로 수놓습니다. 먼저 검은 눈동자는 310번사 2올로 프렌치 노트 스티치와 스트레이트 스티치를 믹스해 입체감 있게 수놓되, 프렌치 노트 스티치는 3회 감고 스트레이트 스티치는 '*' 모양으로 2~3회 수놓습니다. 흰자는 ECRU사 1올로 검은 눈동자 주위를 두 바퀴 아우트라인 스티치로 수놓습니다.

5 강아지의 얼룩무늬는 420번사 2올로 새틴 스티치합니다. 이때 눈 쪽을 향해 수놓아 방사형 형태로 만들어주세요.

6 300번사 2올로 귀의 방향을 고려해 양쪽으로 새틴 스티치합니다.

7 739번사 2올로 털의 결과 얼굴 방향을 따라 치치레의 Fill 스티치로 수놓습니다.
PAGE 치치레의 Fill 스티치 42쪽

8 760번사 2올로 새틴 스티치해 혀를 수놓습니다. 이때 강아지가 혀를 내민 방향을 생각하며 수놓아 완성합니다.

17

악어 얼굴 브로치 만들기

Ready to do

〖 도안 〗

〖 방향 〗

〖 스티치 〗

프렌치 노트 스티치, 스트레이트 스티치, 새틴 스티치, 아우트라인 스티치, 치치레의 Fill 스티치

〖 크기 〗

가로 2.5cm×세로 2.4cm

〖 컬러 〗

○ ECRU ● 310 ● 581 ● 666 ● 760 ● 838

How to make

1 666번사 2올로 3회 감아 프렌치 노트 스티치하고, '✳' 모양으로 8~10회 스트레이트 스티치해 악어의 볼을 수놓습니다.

2 눈은 검은 눈동자에서 흰자위 순으로 수놓습니다. 먼저 310번사 2올로 2회 감아 프렌치 노트 스티치하고, '✳' 모양으로 2~3회 스트레이트 스티치해 검은 눈동자를 수놓습니다.

참고 속눈썹은 눈을 모두 완성하고 나서 수놓습니다.

3 이번에는 ECRU사 1올을 이용해 아우트라인 스티치로 흰자를 수놓습니다. 검은 눈동자 주위를 아우트라인 스티치로 두 바퀴 돌려 수놓으면 됩니다.

4 이빨은 ECRU사 1올로 삼각형 모양으로 새틴 스티치합니다.

참고 삼각형 모양으로 한군데로 모아지도록 수놓되 바늘구멍이 나지 않도록 주의하세요.

5 입은 666번사 1올로 아우트라인 스티치로 수놓습니다.

6 입 안쪽은 760번사 2올로 새틴 스티치하고, 581번사 2올로 눈 주변을 3번과 같은 방법으로 수놓습니다.

7 계속해서 얼굴을 수놓습니다. 581번사 2올로 사진처럼 털의 결을 따라 치치레의 Fill 스티치로 수놓습니다.

PAGE 치치레의 Fill 스티치 42쪽

8 콧구멍은 838번사 2올로 3회 감아 프렌치 노트 스티치하고, 속눈썹은 310번사 1올로 스트레이트 스티치해 사진처럼 수놓습니다.

돼지 얼굴 브로치 만들기

Ready to do

〚 도안 〛

〚 방향 〛

〚 스티치 〛

프렌치 노트 스티치, 스트레이트 스티치, 새틴 스티치, 아우트라인 스티치

〚 크기 〛

가로 2.0cm×세로 2.3cm

〚 컬러 〛

○ ECRU ● 310 ● 666 ● 760 ● 838 ● 951

How to make

1 중심의 작은 면적부터 수놓습니다. 666번사 2올로 3회 감아 프렌치 노트 스티치하고, '✳' 모양으로 7~8회 스트레이트 스티치해 볼을 만듭니다.
2 838번사 2올로 3회 감아 프렌치 노트 스티치하고, '✳' 모양으로 2~3회 스트레이트 스티치해 콧구멍을 수놓습니다.
3 760번사 2올로 가로 방향으로 새틴 스티치해 코를 수놓습니다.

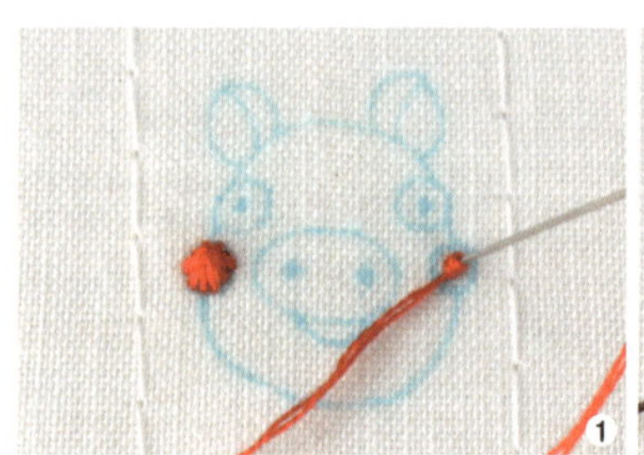
1

2

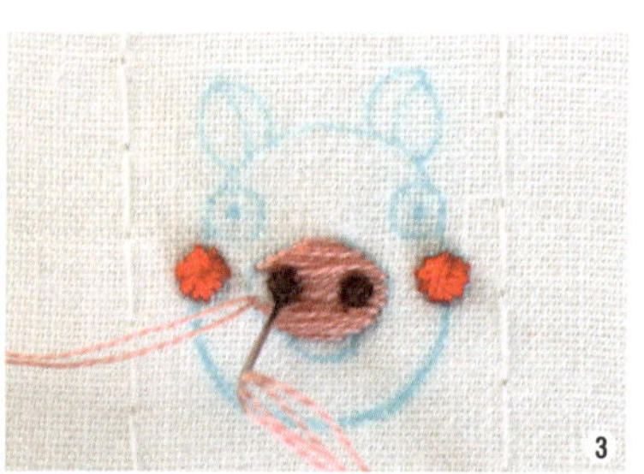
3

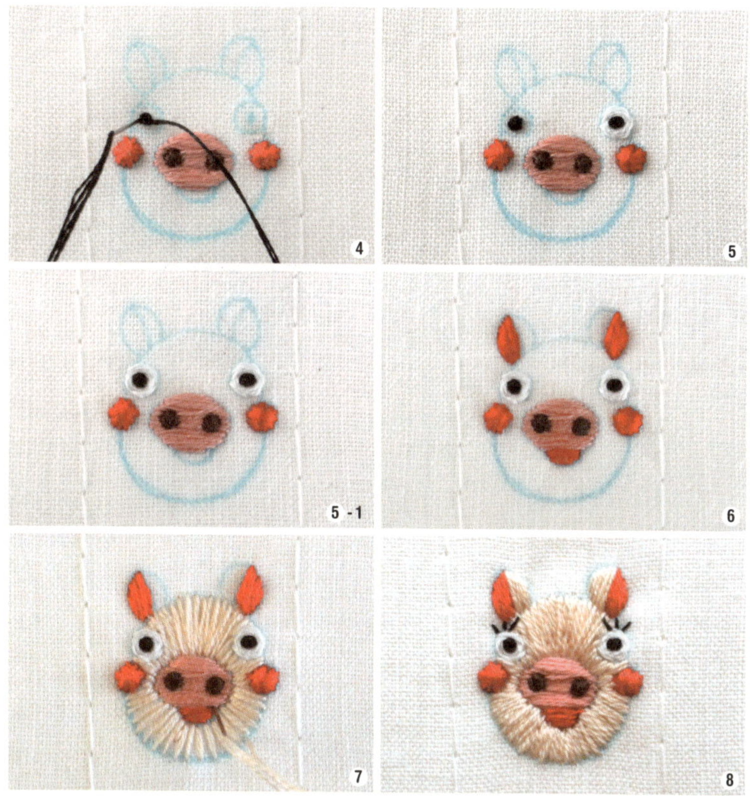

4 눈은 검은 눈동자에서 흰자위 순으로 수놓습니다. 먼저 310번사 2올로 3회 감아 프렌치 노트 스티치하고, '✳' 모양으로 2~3회 스트레이트 스티치해 검은 눈동자를 수놓습니다.

참고 속눈썹은 얼굴을 모두 채우고 나서 수놓습니다.

5 이번에는 ECRU사 1올을 이용해 아우트라인 스티치로 눈의 흰자를 수놓습니다. 검은 눈동자 주위를 두 바퀴 돌려 수놓으면 됩니다.

PAGE 아우트라인 스티치 41쪽

6 666번사 2올로 새틴 스티치해 귀 바깥쪽을 수놓습니다. 입안도 666번사 2올로 가로 방향 새틴 스티치합니다.

7 이제 얼굴을 수놓을 차례입니다. 951번사 2올로 사진처럼 방사형으로 듬성듬성 스트레이트 스티치했다가 다시 한 번 촘촘하게 빈틈을 메워 새틴 스티치해 수놓습니다.

8 310번사 1올로 스트레이트 스티치해 사진처럼 속눈썹을 수놓습니다.

19

사자 얼굴 브로치 만들기

Ready to do

〖 도안 〗

〖 방향 〗

〖 스티치 〗

프렌치 노트 스티치, 스트레이트 스티치, 새틴 스티치

〖 크기 〗

가로 2.2cm×세로 2.3cm

〖 컬러 〗

○ ECRU ● 310 ● 666 ● 838 ● 3852

How to make

1 666번사 2올로 66쪽의 '토끼 얼굴 브로치 만들기' 과정을 참고하여 볼, 코, 입안, 귀 바깥쪽 순으로 수놓습니다.

2 310번사 1올로 3회 감아 프렌치 노트 스티치해 사진처럼 입 옆의 수염자국을 수놓은 다음 다시 ECRU사 1올로 입안의 나머지 공간을 프렌치 노트 스티치합니다.

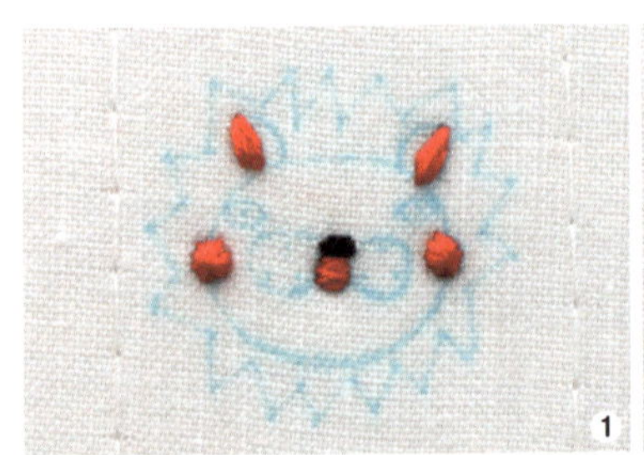

1

2

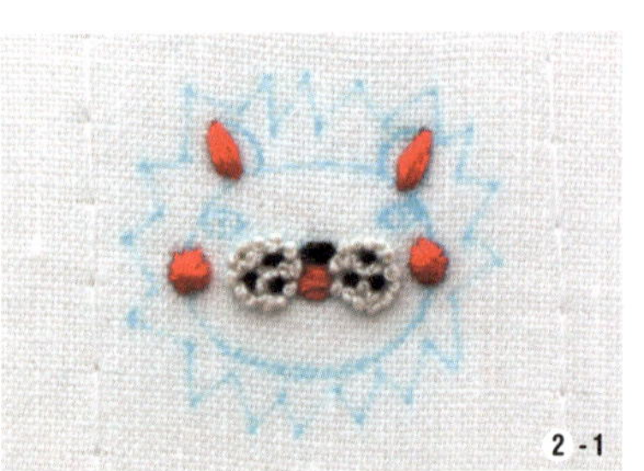

2 -1

3 ECRU사 1올로 새틴 스티치해 눈의 흰자를 수놓습니다. 이때 천에 구멍이 생기지 않도록 주의하면서 눈 가운데의 길다란 부분부터 새틴 스티치합니다. 몇 차례 수놓으면 입체감 있는 눈을 표현할 수 있습니다.

4 이제 얼굴을 수놓을 차례입니다. 앞에서 돼지나 다람쥐 등의 얼굴을 수놓았듯이 3852번사 2올로 사진처럼 방사형으로 새틴 스티치합니다. 귀 안쪽도 666번사 2올을 이용해 새틴 스티치로 수놓습니다.

5 310번사 2올로 2회 감아 프렌치 노트 스티치해 검은 눈동자를 수놓습니다. 사자의 갈기는 838번사 2올로 사진처럼 각 갈기의 삼각형 모양대로 스트레이트 스티치합니다.

6 삼각형 모양의 갈기가 뾰족한 모서리 부분으로 모이도록 사진처럼 새틴 스티치해 갈기를 완성합니다.

판다 얼굴 브로치 만들기

Ready to do

〖 도안 〗

〖 방향 〗

〖 스티치 〗

프렌치 노트 스티치, 스트레이트 스티치, 새틴 스티치, 아우트라인 스티치, 치치레의 Fill 스티치

〖 크기 〗

가로 2.2cm×세로 2.3cm

〖 컬러 〗

ECRU 310 666 951

How to make

1 68쪽의 '고양이 얼굴 브로치 만들기' 과정을 참고하여 볼, 코, 입, 입 안쪽을 수놓습니다.

2 검은 눈동자는 310번사 2올로 3회 감아 프렌치 노트 스티치하고, '✳' 모양으로 2~3회 스트레이트 스티치해 수놓습니다.

3 ECRU사 1올로 아우트라인 스티치 로 눈의 흰자를 수놓습니다. 검은 눈동자 주위를 한 바퀴 돌려 아우트라인 스티치로 수놓으면 됩니다. 다시 310번사 1올로 아우트라인 스티치를 반복해 눈 주위의 검은 무늬를 수놓습니다.

4 310번사 2올로 새틴 스티치해 귀를 수놓습니다.

5 이제 판다의 얼굴을 수놓을 차례입니다. 84쪽의 돼지 얼굴을 수놓았듯이 951번사 2올로 사진처럼 방사형으로 새틴 스티치합니다. 먼저 전체적으로 성글게 수놓은 후 다시 한 번 촘촘하게 수놓습니다.

1 ~ 3

4 ~ 5

5 - 1

양 얼굴 브로치 만들기

Ready to do

〖 도안 〗

〖 방향 〗

〖 스티치 〗

프렌치 노트 스티치, 스트레이트 스티치, 새틴 스티치, 아우트라인 스티치

〖 크기 〗

가로 2.5cm×세로 2.3cm

〖 컬러 〗

ECRU 310 420 666

How to make

1 666번사 2올로 66쪽의 '토끼 얼굴 브로치 만들기' 과정을 참고하여 볼, 입, 입 안쪽을 수놓습니다.
2 ECRU사 1올로 46쪽을 참고해 눈을 수놓습니다.
3 310번사 2올로 2번과 같은 방법으로 귀를 가로 방향으로 새틴 스티치하고 420번사 2올로 새틴 스티치해 코를 수놓습니다.
4 310번사 2올로 45쪽의 4번을 참고해 사진처럼 방사형으로 새틴 스티치해 얼굴을 수놓습니다.
5 ECRU사 2올로 3회 감아 프렌치 노트 스티치해 양의 털을 수놓습니다. 이때 양털 전체를 프렌치 노트 스티치로 수놓습니다.
6 310번사 2올로 2회 감아 프렌치 노트 스티치해 검은 눈동자를 수놓습니다.

Embroidery Class

2

아기자기한 소품으로 동물 얼굴 브로치 꾸미기

Arrange a Animal Face Brooch

이번 장에서는 꽃과 리본, 하트 등의 예쁜 모양으로 리스를 만들어 브로치를 좀 더 풍성하게 장식해 보겠습니다. 1장에서 다룬 동물 얼굴에 몇 가지 장식을 덧붙여 보세요. 소소한 문양을 살짝만 추가해줘도 브로치가 훨씬 더 예뻐진답니다. 이때 동물과 리스가 함께 들어가므로 4cm의 싸개단추를 이용합니다.

1. 예쁜 브로치를 위한 꾸미기 아이템
2. 꽃을 든 동물 브로치 만들기

①

예쁜 브로치를 위한 꾸미기 아이템

Beautiful Items for Brooch Design

1. 그린 하트 리스 만들기
2. 방울방울 물방울 & 리본 리스 만들기
3. 초록초록 민들레 리스 만들기
4. 풍성한 브로치 디자인을 위한 패션 아이템들

그린 하트 리스 만들기

Ready to do

〖 도안 〗

〖 스티치 〗

새틴 스티치

〖 크기 〗

가로 4.0cm×세로 4.0cm

〖 컬러 〗

● 905

How to make

1 도안을 그린 천을 자수틀에 끼우고 905번사 1올로 새틴 스티치합니다.

POINT 바늘을 넣고 뺄 때 가급적 촘촘하게 해야 예쁜 하트 모양을 만들 수 있어요.

PAGE 새틴 스티치 34쪽

application

기린과 하트 리스 브로치 만들기

78쪽의 기린과 하트 문양의 리스를 합치면 동물 얼굴만 있을 때보다 훨씬 완성도 있는 브로치를 만들 수 있어요. 여기에 민트색 리넨까지 덧붙이면 훨씬 사랑스럽고 생동감 있어져요.

Ready to do

〖 스티치 〗

기린 : 프렌치 노트 스티치, 스트레이트 스티치, 새틴 스티치, 아우트라인 스티치, 치치레의 Fill 스티치
리스 : 새틴 스티치

〖 크기 〗

가로 4.0cm×세로 4.0cm

〖 컬러 〗

ECRU 300 307 310 666 761 890

〖 도안 〗

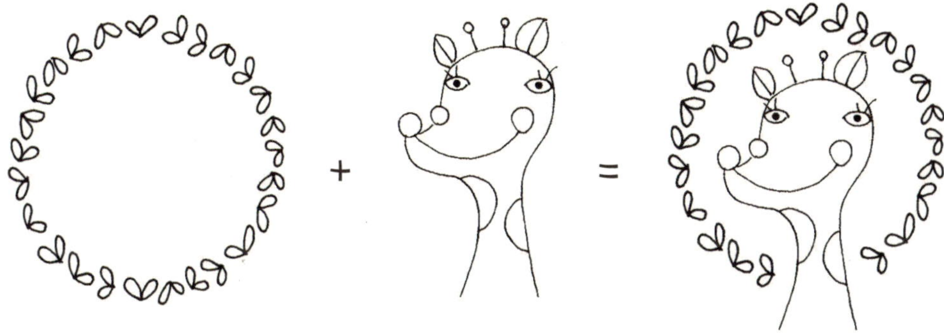

②

방울방울 물방울 & 리본 리스 만들기

Ready to do

〖 도안 〗

〖 스티치 〗

프렌치 노트 스티치, 스트레이트 스티치, 새틴 스티치, 아웃트라인 스티치

〖 크기 〗

가로 4.0cm×세로 3.8cm

〖 컬러 〗

○ ECRU ● 666 ● 809

How to make

1 리본은 809번사 1올로 새틴 스티치합니다.

참고 리본 안쪽으로 갈수록 바늘을 좀 더 촘촘하게 수놓아 주세요.

PAGE 새틴 스티치 34쪽

2 물방울은 2회 감아 프렌치 노트 스티치하고 그 위를 '*' 모양으로 각각 3~4회 스트레이트 스티치합니다. 666번사 2올과 ECRU사 2올을 번갈아 가면서 색에 변화를 줍니다.

PAGE 프렌치 노트 스티치 + 스트레이트 스티치 37쪽

3 둥근 리스 선의 줄기는 809번사 1올로 아웃트라인 스티치로 수놓습니다.

PAGE 아웃트라인 스티치 41쪽

application

사자와 물방울 & 리본 리스 브로치 만들기

86쪽의 사자를 리본과 물방울이 들어간 리스로 장식해보세요.
조금은 와일드한 사자 얼굴에 아기자기한 리본과 물방울이 어울리지 않을 것 같나요?
사자의 노란 얼굴에 프렌치 노트 스티치로 리스를 수놓아 주면
이렇게 귀엽고 사랑스러운 사자 자수 브로치를 만들 수 있어요.

Ready to do

〖 스티치 〗

사자 : 프렌치 노트 스티치, 스트레이트 스티치, 새틴 스티치

물방울 & 리본 : 프렌치 노트 스티치, 스트레이트 스티치, 새틴 스티치, 아우트라인 스티치

〖 크기 〗

가로 4.0cm×세로 3.8cm

〖 컬러 〗

ECRU 310 666 761 809 838 954 3852

〖 도안 〗

③

초록초록 민들레 리스 만들기

Ready to do

〖 도안 〗

〖 스티치 〗

스트레이트 스티치, 새틴 스티치, 레이지 데이지 스티치, 아웃트라인 스티치

〖 크기 〗

가로 4.0cm×세로 4.0cm

〖 컬러 〗

405 890 954

How to make

1 405번사 1올로 레이지 데이지 스티치해 노란색 민들레꽃을 수놓습니다. 이때 꽃잎의 개수만큼 스티치합니다.
PAGE 레이지 데이지 스티치 38쪽

2 954번사 1올로 새틴 스티치해 민들레의 잎을 수놓고 아웃트라인 스티치로 줄기를 수놓습니다.

3 890번사 1올로 새틴 스티치해 민들레꽃의 꽃받침을 수놓습니다.

application

토끼와 민들레 리스 브로치 만들기

66쪽의 토끼 얼굴에 민들레 리스를 수놓고 코르사주도 장식해 주세요.
숲속에 사는 패셔너블한 토끼 자수 브로치를 만들 수 있어요.

Ready to do

〖 스티치 〗

토끼 : 프렌치 노트 스티치, 스트레이트 스티치, 새틴 스티치, 아웃트라인 스티치
리스 : 스트레이트 스티치, 새틴 스티치, 레이지 데이지 스티치, 아웃트라인 스티치
코르사주 : 101쪽 참고

〖 크기 〗

가로 4.0cm×세로 4.0cm

〖 컬러 〗

○ ECRU ● 310 ● 445 ● 666 ● 890 ● 954
● 3350

〖 도안 〗

④

풍성한 브로치 디자인을 위한 패션 아이템들

How to make

❶ 모자

각각의 면적을 775번사 1올, 666번사 1올로 새틴 스티치해 수놓습니다.

〖 도안 〗

〖 컬러 〗 666 775

〖 스티치 〗 새틴 스티치

❷ 모자

310번사 1올로 새틴 스티치해 모자의 전체 면적을 채우고 666번사 1올로 아우트라인 스티치해 모자의 띠를 완성합니다.

〖 도안 〗

〖 컬러 〗 310 666

〖 스티치 〗 새틴 스티치, 아우트라인 스티치

❸ 모자

각각의 면적을 300번사, 3779번사 1올로 새틴 스티치해 수놓습니다.

〖 도안 〗

〖 컬러 〗 300 3779

〖 스티치 〗 새틴 스티치

❶ 코르사주

1 307번사 1올을 2번 감아 프렌치 노트 스티치로 수놓아 작은 꽃을 만듭니다.
2 368번사 1올로 꽃잎을 레이지 데이지 스티치하고 그 위를 새틴 스티치로 수놓아 꽃잎을 만듭니다.
PAGE 레이지 데이지 스티치 + 새틴 스티치 39쪽
3 계속해서 368번사 1올로 아우트라인 스티치로 줄기를 만듭니다.
4 1~3번 과정을 응용해 666번사 1올로 작은 꽃을, 420번사 1올로 줄기와 잎을 수놓아 코르사주를 2개 더 만듭니다.

〖도안〗

〖스티치〗

프렌치 노트 스티치, 스트레이트 스티치, 레이지 데이지 스티치, 아우트라인 스티치

〖컬러〗

307 368 420 666

❷ 코르사주

1 809번사 1올로 3회 감아 프렌치 노트 스티치해 방울방울한 꽃을 만듭니다.
2 581번사 1올로 아우트라인 스티치로 줄기를, 2회 감아 프렌치 노트 스티치해 잎을 만듭니다.

〖도안〗

〖스티치〗

프렌치 노트 스티치, 아우트라인 스티치

〖컬러〗

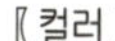
581 809

❸ 코르사주

1 445번사 1올로 3회 감아 프렌치 노트 스티치하고, '✳' 모양으로 스트레이트 스티치를 여러 번 수놓아 꽃 안쪽의 입체감을 만들어 줍니다.

2 819번사 1올로 레이지 데이지 스티치해 꽃잎 모양을 만들고 안쪽의 공간을 새틴 스티치로 채웁니다.

참고 레이지 데이지 스티치의 안쪽 면적을 조금 작게 만들고, 새틴 스티치를 생략해 좀 더 슬림한 꽃을 만들 수 있습니다.

3 905번사 1올로 아우트라인 스티치와 2회 감아 프렌치 노트 스티치해 줄기와 잎을 수놓습니다.

4 3350번사 1올을 꽃 주위에 방사형으로 스트레이트 스티치하면 꽃잎에 좀 더 다양한 변화를 줄 수 있습니다.

〖 도안 〗

〖 스티치 〗

프렌치 노트 스티치, 스트레이트 스티치, 새틴 스티치, 레이지 데이지 스티치, 아우트라인 스티치

〖 컬러 〗

445 819 905 3350

❹ 코르사주

1 552번사 1올과 445번사 1올을 방사형으로 새틴 스티치해 각각의 꽃잎을 수놓습니다.

2 ECRU사 1올로 3회 감아 프렌치 노트 스티치하고 다시 '✳' 모양으로 스트레이트 스티치해 입체적인 꽃의 안쪽을 만듭니다.

3 890번사 1올을 이용해 아우트라인 스티치와 2회 감아 프렌치 노트 스티치해 꽃줄기와 잎을 만듭니다.

참고 꽃봉오리가 크면 잎을 작게 만들어 주고, 꽃봉오리가 작으면 잎을 크게 수놓아 보세요. 이때 스티치 종류를 바꿔보세요. ①번 코르사주는 꽃을 작게 만들고 꽃잎을 크게 만든 반면, 4번 코르사주는 꽃봉오리가 크기 때문에 꽃잎을 작게 만들었어요.

〖 도안 〗

〖 스티치 〗

프렌치 노트 스티치, 스트레이트 스티치, 새틴 스티치, 아우트라인 스티치

〖 컬러 〗

ECRU 445 552 890

application

동물 얼굴과 패션 아이템을 활용한 브로치 만들기

앞에서 제공하는 패션 아이템과 동물 얼굴을 이용하면 또 다른 분위기의 브로치를 만들 수 있어요.
책에서 제시하는 것 외에도 다양한 동물과 아이템으로 나만의 브로치를 디자인해보세요.

❶ 코끼리 브로치 만들기

Ready to do

〚도안〛

〚컬러〛

ECRU 310 420 666 809 890 3779

〚조합〛

코끼리 + ③코르사주 + ②모자

PAGE 76쪽 + 102쪽 + 100쪽

❷ 생쥐 브로치 만들기

〚도안〛

〚컬러〛

ECRU 310 318 368 420 666 739

〚조합〛

생쥐+①코르사주 + ③모자

PAGE 74쪽 + 101쪽 + 100쪽

❸ 악어 브로치 만들기

〚도안〛

〚컬러〛

ECRU 310 307 666 760 838 905 954

〚조합〛

악어 + ②코르사주

PAGE 82쪽 + 101쪽

②

꽃을 든 동물 브로치 만들기

Flowers & Animal Brooches

1. 러넌큘러스를 든 늑대 브로치
2. 산마늘 꽃을 든 판다 브로치
3. 석잠풀을 든 곰돌이 브로치
4. 튤립을 든 양 브로치
5. 투구꽃을 든 돼지 브로치
6. 동백꽃을 든 하마 브로치
7. 카네이션을 든 고양이 브로치
8. 사루비아를 든 악어 브로치
9. 아네모네를 든 다람쥐 브로치
10. 해국 든 토끼 브로치

①

러넌큘러스를 든 늑대 브로치

Ready to do

〖 도안 〗

〖 방향 〗

〖 스티치 〗

프렌치 노트 스티치, 스트레이트 스티치, 새틴 스티치, 레이지 데이지 스티치, 백 스티치, 아우트라인 스티치, 치치레의 Fill 스티치

〖 크기 〗

가로 3.4cm×세로 3.3cm

〖 컬러 〗

How to make

1 72쪽의 '늑대 얼굴 브로치 만들기' 과정을 참고해 늑대의 얼굴을 수놓습니다.

2 늑대의 상의를 새틴 스티치로 수놓습니다. 이때 809번사 2올과 939번사 2올로 상의를 각각 다른 방향으로 새틴 스티치합니다. 666번사 1올은 아우트라인 스티치로 바이어스 라인을 만들어 장식합니다.

3 833번사 2올로 새틴 스티치해 바지를 수놓습니다. 이때 주머니와 바지의 방향을 사진처럼 서로 다르게 설정합니다. 666번사 1올을 아우트라인 스티치로 바이어스 라인을 만들어 장식하되, 바지 끝단은 스트레이트 스티치합니다.

4 신발은 939번사 1올로 레이지 데이지 스티치하고, 안쪽을 새틴 스티치해 면을 촘촘히 메워 줍니다.

5 얼굴과 같은 색으로 새틴 스티치해 팔을 만들어줍니다.

6 이제 꽃을 만들 차례입니다. 809번사 2올로 3회 감아 프렌치 노트 스티치하고, 6~7회 정도 스트레이트 스티치해 꽃잎의 중심을 만들어 줍니다. 445번사 2올을 방사형으로 새틴 스티치해 꽃잎을 만들고 307번사 1올로 바깥쪽 라인을 백 스티치하면 됩니다.

7 잎은 905번사 1올로 레이지 데이지 스티치한 다음 새틴 스티치로 촘촘히 채워 줍니다. 줄기는 905번사 2올로 아우트라인 스티치 로 수놓습니다.

②

산마늘 꽃을 든 판다 브로치

Ready to do

〚 도안 〛

〚 방향 〛

〚 스티치 〛

프렌치 노트 스티치, 스트레이트 스티치, 새틴 스티치, 레이지 데이지 스티치, 아우트라인 스티치, 치치레의 Fill 스티치

〚 크기 〛

가로 3.0cm×세로 3.3cm

〚 컬러 〛

○ ECRU ● 310 ● 368 ● 400 ● 666 ● 890 ● 906 ● 951 ● 3325

How to make

1 88쪽의 '판다 얼굴 브로치 만들기' 과정을 참고해 판다의 얼굴을 수놓습니다.

2 368번사 2올로 상의의 칼라는 옷깃의 방향에 따라 새틴 스티치하고, 단추는 3회 감아 프렌치 노트 스티치한 후 그 위를 '✳' 모양으로 6~7회 정도 스트레이트 스티치로 수놓습니다.

3 상의는 400번사 2올로 옷의 방향에 맞춰 아래로 갈수록 조금 퍼지게 새틴 스티치해 수놓습니다.

4 바지는 발목으로 모아지도록 368번사 2올로 새틴 스티치하고, 발목은 ECRU사 2올로 새틴 스티치합니다. 발목과 바지 사이에 400번사 2올로 스트레이트 스티치해 바이어스 라인을 수놓습니다.

5 신발은 3325번사 2올로 레이지 데이지 스티치하고, 신발 안쪽을 새틴 스티치로 메워 줍니다.

PAGE 레이지 데이지 스티치 + 새틴 스티치 39쪽

6 906번사 1올로 프렌치 노트 스티치해 꽃을 수놓습니다. 890번사 1올로 프렌치 노트 스티치해 꽃술의 윗부분 먼저 만들고 2올로 스트레이트 스티치하면 꽃술을 완성할 수 있습니다. 계속해서 같은 실로 잎은 새틴 스티치, 줄기는 아웃트라인 스티치로 수놓습니다.

POINT 도안에 빽빽하게 수놓으면 풍성한 꽃다발을 만들 수 있어요.

③

석잠풀을 든 곰돌이 브로치

Ready to do

〖 도안 〗

〖 방향 〗

〖 스티치 〗

프렌치 노트 스티치, 스트레이트 스티치, 새틴 스티치, 레이지 데이지 스티치, 백 스티치, 아우트라인 스티치

〖 크기 〗

가로 3.2cm×세로 3.5cm

〖 컬러 〗

ECRU 310 400 420 666 720 809 838 890 905 3350

How to make

1 69쪽의 '북극곰 얼굴 브로치 만들기' 과정을 참고해 곰돌이의 얼굴을 수놓습니다.

2 838번사 2올을 수평으로 새틴 스티치해 곰돌이의 몸통을 수놓습니다.

3 720번사 2올을 수직으로 새틴 스티치해 조끼를 수놓습니다.

1

2

3

4 905번사 2올을 수평으로 새틴 스티치해 바지허리를 수놓고, 각각 사선으로 새틴 스티치해 바지를 수놓습니다.

5 다소 지저분한 바짓단 끝은 바이어스 라인을 만들어 정리해 줍니다. 420번사 1올로 스트레이트 스티치해 사진처럼 수놓습니다.

6 팔과 다리는 838번사 2올로 새틴 스티치하되 각각의 팔과 다리가 뻗은 방향을 따라 수놓습니다.

7 신발은 666번사 2올로 레이지 데이지 스티치하고 신발 안쪽을 새틴 스티치로 메워 줍니다.

8 310번사 2올을 3회 감아 프렌치 노트 스티치해 곰돌이의 검은 눈동자를 수놓습니다.

9 ECRU사 2올로 프렌치 노트 스티치하고, 3~4회 정도 스트레이트 스티치해 꽃의 중심을 수놓은 후 809번사 2올로 꽃잎이 난 방향으로 새틴 스티치해 꽃잎을 만듭니다. 3350사 1올로 백 스티치해 라인을 만들어 정리합니다.

10 890번사 2올로 꽃의 줄기는 아우트라인 스티치, 잎은 3회 감아 프렌치 노트 스티치해 수놓습니다.

④

튤립을 든 양 브로치

Ready to do

〖 도안 〗

〖 방향 〗

〖 스티치 〗

프렌치 노트 스티치, 스트레이트 스티치, 새틴 스티치, 레이지 데이지 스티치, 아우트라인 스티치

〖 크기 〗

가로 3.2cm×세로 3.2cm

〖 컬러 〗

ECRU 310 420 434 666 823 963 905 3325

How to make

1 89쪽의 '양 얼굴 브로치 만들기' 과정을 참고해 양의 얼굴을 수놓습니다.

2 상의는 3325번사 2올로 새틴 스티치하고, 멜빵치마는 823번사 2올로 새틴 스티치합니다. 이때 사진처럼 방향에 변화를 줍니다.

1

2

3 치맛단은 3325번사 2올과 666번사 2올을 이용해 아우트라인 스티치로 사진처럼 수놓습니다.

POINT 아우트라인 스티치를 이어서 하면 곡선 면을 수놓을 수 있어요.

4 멜빵과 치마 사이를 666번사 1올로 프렌치 노트 스티치해 단추를 수놓고 666번사 2올을 스트레이트 스티치해 상의의 스트라이프 패턴을 만듭니다.

5 팔과 발목은 ECRU사 2올로 새틴 스티치하고, 신발은 666번사 2올로 레이지 데이지 스티치한 후 새틴 스티치로 촘촘히 메워 줍니다.

PAGE 레이지 데이지 스티치 + 새틴 스티치 39쪽

6 이제 튤립을 수놓을 차례입니다. 963번사 2올로 튤립의 꽃잎을 새틴 스티치합니다. 이때 방향은 사진처럼 중앙을 보게 합니다.

7 434번사 1올로 3회 감아 프렌치 노트 스티치하고, 꽃술대는 스트레이트 스티치해 꽃술을 완성합니다.

8 잎은 905번사 2올로 새틴 스티치, 줄기는 아우트라인 스티치로 수놓습니다.

투구꽃을 든 돼지 브로치

Ready to do

〖 도안 〗

〖 방향 〗

〖 스티치 〗

프렌치 노트 스티치, 스트레이트 스티치, 새틴 스티치, 레이지 데이지 스티치, 아우트라인 스티치

〖 크기 〗

가로 3.4cm×세로 2.8cm

〖 컬러 〗

ECRU 310 666 760 809 830 838 905 951 3350

How to make

- **얼굴 자수 순서** : 84쪽 참고
- **몸통 자수 순서** : 상의 칼라, 치마(809) → 바이어스 라인(830, 아우트라인 스티치) → 치마 가운데 패턴(830) → 팔다리(951) → 신발(666, 레이지 데이지 스티치 + 새틴 스티치) → 꽃(3350, 치치레의 Fill 스티치 / 760, 3350, 프렌치 노트 스티치 / 905, 아우트라인 스티치, 새틴 스티치)

※스티치를 표기하지 않은 것은 새틴 스티치로 수놓습니다.

6

동백꽃을 든 하마 브로치

Ready to do

〖 도안 〗

〖 방향 〗

〖 스티치 〗

프렌치 노트 스티치, 스트레이트 스티치, 새틴 스티치, 레이지 데이지 스티치, 아우트라인 스티치, 치치레의 Fill 스티치

〖 크기 〗

가로 3.0cm×세로 3.5cm

〖 컬러 〗

How to make

- **얼굴 자수 순서** : 75쪽 참고
- **몸통 자수 순서** : 몸통(830) → 치마(830) → 소매(830) → 소맷단(823, 아우트라인 스티치) → 상의 무늬(823) → 팔다리(3895 / 666, 스트레이트 스티치) → 신발(666, 레이지 데이지 스티치 + 새틴 스티치) → 꽃(3350, 445, 프렌치 노트 스티치 / 3350, 스트레이트 스티치 / 905, 아우트라인 스티치, 새틴 스티치)

※스티치를 표기하지 않은 것은 새틴 스티치로 수놓습니다.

카네이션을 든 고양이 브로치

Ready to do

〖 도안 〗

〖 방향 〗

〖 스티치 〗

프렌치 노트 스티치, 스트레이트 스티치, 새틴 스티치, 레이지 데이지 스티치, 아우트라인 스티치

〖 크기 〗

가로 3.8cm×세로 3.4cm

〖 컬러 〗

How to make

- **얼굴 자수 순서** : 68쪽 참고
- **몸통 자수 순서** : 리본(760) → 상의 바이어스라인(760, 아우트라인 스티치) → 블라우스와 소매(3325) → 소매 바이어스 라인(420, 아우트라인 스티치) → 바지 주머니, 바지(939) → 바지 바이어스 라인(760, 아우트라인 스티치) → 팔(ECRU) → 신발(420, 레이지 데이지 스티치 + 새틴 스티치) → 꽃(3350, 레이지 데이지 스티치 + 새틴 스티치 / 905, 프렌치 노트 스티치, 스트레이트 스티치, 새틴 스티치, 아우트라인 스티치 / ECRU, 스트레이트 스티치)

※스티치를 표기하지 않은 것은 새틴 스티치로 수놓습니다.

⑧

사루비아를 든 악어 브로치

Ready to do

〖 도안 〗

〖 방향 〗

〖 스티치 〗

프렌치 노트 스티치, 스트레이트 스티치, 새틴 스티치, 레이지 데이지 스티치, 아웃라인 스티치, 치치레의 Fill 스티치

〖 크기 〗

가로 3.4cm×세로 3.3cm

〖 컬러 〗

How to make

- **얼굴 자수 순서** : 82쪽 참고
- **몸통 자수 순서** : 상의(ECRU / 760, 새틴 스티치, 스트레이트 스티치) → 멜빵바지(420) → 팔다리(581 / ECRU, 스트레이트 스티치) → 신발(666, 레이지 데이지 스티치 + 새틴 스티치) → 꽃(3350, 프렌치 노트 스티치 / ECRU, 스트레이트 스티치 / 890, 아웃라인 스티치)

※스티치를 표기하지 않은 것은 새틴 스티치로 수놓습니다.

9

아네모네를 든 다람쥐 브로치

Ready to do

〖 도안 〗

〖 방향 〗

〖 스티치 〗

프렌치 노트 스티치, 스트레이트 스티치, 새틴 스티치, 레이지 데이지 스티치, 아웃트라인 스티치

〖 크기 〗

가로 3.2cm×세로 3.0cm

〖 컬러 〗

○ ECRU ● 310 ● 368 ● 422 ● 445 ● 666 ● 738 ● 760 ● 809 ● 890 ● 975

How to make

- **얼굴 자수 순서** : 73쪽 참고
- **몸통 자수 순서** : 상의 칼라, 원피스(368) → 칼라 바이어스 라인(445, 아우트라인 스티치) → 원피스 허리(445) → 원피스 바이어스 라인(445, 아우트라인 스티치) → 팔다리(738 / 809, 스트레이트 스티치) → 신발(975, 레이지 데이지 스티치 + 새틴 스티치) → 꽃(809, 프렌치 노트 스티치, 스트레이트 스티치 / 760 / 890, 새틴 스티치, 아우트라인 스티치)

※스티치를 표기하지 않은 것은 새틴 스티치로 수놓습니다.

해국을 든 토끼 브로치

Ready to do

〖 도안 〗

〖 방향 〗

〖 스티치 〗

프렌치 노트 스티치, 스트레이트 스티치, 새틴 스티치, 레이지 데이지 스티치, 아우트라인 스티치

〖 크기 〗

가로 3.5cm×세로 3.5cm

〖 컬러 〗

ECRU 310 368 420 666 809 905 3821

How to make

- **얼굴 자수 순서** : 66쪽 참고
- **몸통 자수 순서** : 상의 칼라(368) → 치마 바이어스 라인(368, 아우트라인 스티치) → 치마(420) → 팔다리(ECRU) → 신발(666, 레이지 데이지 스티치 + 새틴 스티치) → 꽃(3821, 프렌치 노트 스티치 / 809, 레이지 데이지 스티치 + 새틴 스티치 / 905, 아우트라인 스티치, 새틴 스티치)

※스티치를 표기하지 않은 것은 새틴 스티치로 수놓습니다.

Embroidery Class

3

동물과 식물 자수로 생활 소품 만들기

Making a Stuff

앞에서 배운 동물 자수에 꽃과 나비 등의 자수 패턴을 더해 아기자기한 소품을 만들어보세요. 세상에 단 하나뿐인 나만의 유니크한 제품을 만들 수 있어요. 자수를 시작하기 전에 천에 심지를 붙이고 수놓아 보세요. 심지를 붙이고 수를 놓으면 옷감 자체에 생기가 생겨 자수하기도 편하고 심지 없이 수놓아 제품을 만들 때보다 모양이 훨씬 예쁘게 나온답니다.

1. 동물과 식물 패턴을 이용해 동전지갑 만들기
2. 다양한 패턴으로 파우치 만들기
3. 좌우 대칭 지갑 만들기

1

동물과 식물 패턴을 이용해 동전지갑 만들기

Purse Design with Animal and Plant Patterns

①

곰돌이와 악어 자수 동전지갑 만들기

Ready to do

〚 도안 〛

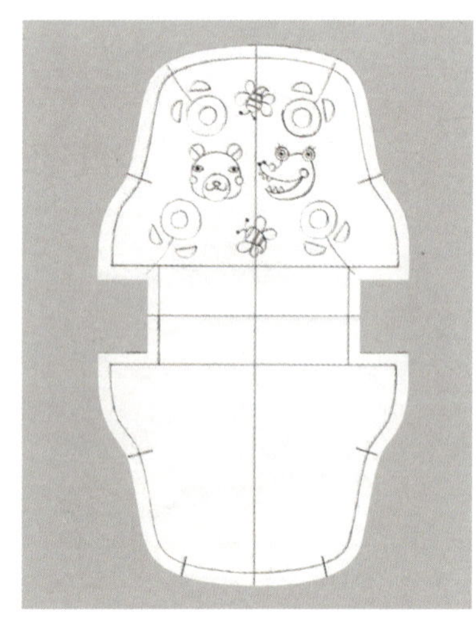

〚 스티치 〛

프렌치 노트 스티치, 스트레이트 스티치, 새틴 스티치, 아우트라인 스티치

〚 크기 〛

가로 9.0cm×세로 9.0cm

〚 컬러 〛

ECRU 310 307 310 368 400 445 581 666 760 809 838

1 69쪽과 82쪽을 참고해 곰돌이와 악어의 얼굴을 완성합니다.

2 도안 하단의 꿀벌을 수놓습니다. 307번사 2올로 사진처럼 꿀벌의 몸통을 새틴 스티치합니다. 이때 꿀벌의 스트라이프 무늬를 고려해 한 칸 건너 수놓아 줍니다.

POINT 꿀벌의 검은 무늬를 빼고 수놓는 것이 어렵다면 그냥 몸통 전체를 노란색으로 채워도 됩니다. 이때 곡선 모양의 뾰족한 침은 아웃트라인 스티치으로 수놓습니다.

3 310번사 2올로 벌꿀의 몸통과 머리를 한 칸 건너 새틴 스티치합니다.

4 계속해서 310번사 1올로 3회 감아 프렌치 노트 스티치해 꿀벌의 더듬이 눈을 만든 후, 아웃트라인 스티치로 수놓아 곡선 형태의 더듬이 선을 완성합니다.

5 ECRU사 2올로 꿀벌의 날개를 수놓습니다. 조금 더 입체적으로 만들기 위해 스트레이트 스티치로 날개 안쪽을 수놓은 후 날개 면적 전체적를 새틴 스티치합니다.

6 이제 꽃을 수놓을 차례입니다. 우선 꽃술부터 수놓고 꽃잎, 잎, 줄기의 순서로 수놓습니다. 꽃술은 445번사 2올로 3회 감아 프렌치 노트 스티치하되 사진처럼 바깥쪽부터 수놓은 후 안쪽으로 동그랗게 원을 그리며 스티치합니다.

7 꽃잎은 809번사 2올로 안에서 바깥쪽으로 퍼져나가도록 새틴 스티치하고, 368번사 2올로 새틴 스티치해 나뭇잎을 수놓습니다. 이때 방향은 사진을 참고합니다.

8 계속해서 아웃트라인 스티치로 꽃의 줄기를 수놓은 후 6~7번 과정을 반복해 사진처럼 네 귀퉁이에 꽃을 수놓아 완성합니다.

PAGE 아웃트라인 스티치 41쪽

application

동전지갑 만들기

Ready to do

〖 패턴 〗

시접을 포함해 겉과 속 공통

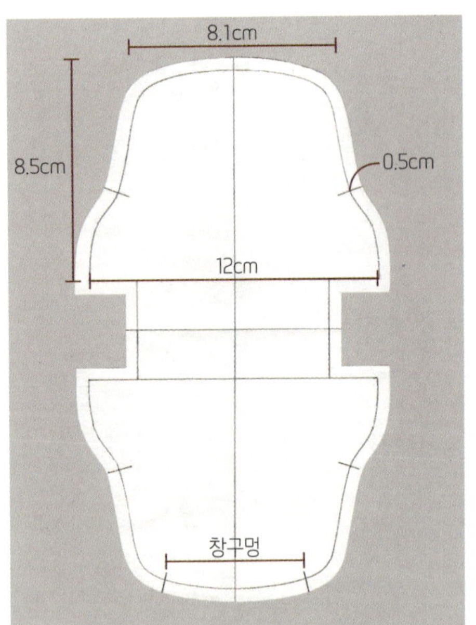

〖 크기 〗

가로 상: 8.1cm & 가로 하 12cm×세로 8.5cm

〖 준비물 〗

종이끈, 8.1cm짜리 동전지갑용 프레임, 펜치, 핀셋 혹은 일자 드라이버, 수예용 본드

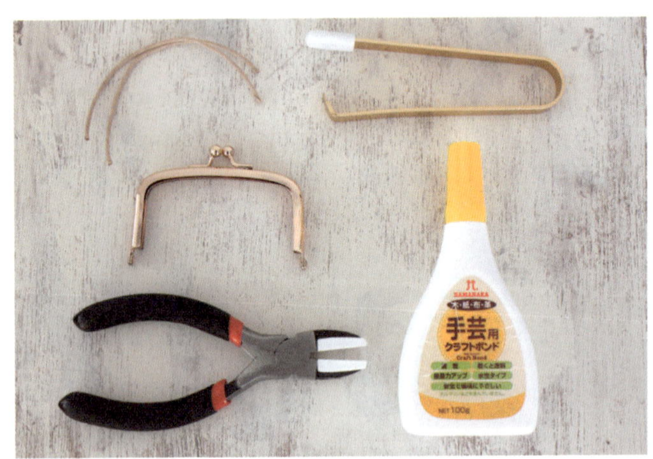

참고 패턴의 가로 상단 길이와 동전지갑 프레임의 길이가 같아야 동전지갑을 만들 수 있습니다. 이 책에서 사용한 프레임은 국내에서는 판매되지 않는 제품이므로 국내에서 프레임 길이에 맞게 패턴을 수정해서 작업하세요. 뒤에서 다루는 지갑 만들기는 조금 큰 지갑을 만드는 과정으로서 프레임의 크기로 인해 패턴과 자수의 크기가 다소 큽니다. 이 또한 마찬가지로 프레임에 따라 패턴 혹은 도안의 크기를 조절하세요.

1 자수 천을 펼치고, 자수가 동전지갑의 한쪽 면에 들어가도록 패턴을 그립니다.
2 패턴을 따라 가위로 자릅니다.
3 안감으로 사용할 천도 위와 같은 방법으로 자릅니다. 여기서는 안감을 겉감과 동일한 재질과 톤의 천으로 하되 조금 어두운 색으로 골랐습니다.
4 3번에서 패턴대로 재단한 두 개의 천을 각각 겉이 안쪽으로 향하도록 놓고 반으로 접습니다.
5 패턴대로 원단에 표시한 다음, 표시한 아래쪽을 향해 원을 그리며 박음질합니다.
6 5번에서 만들어진 세로 방향의 시접을 다려서 펴고 사진처럼 90°로 자른 두 개의 면이 서로 맞닿도록 꿰매어 바닥면과 옆면을 만들어줍니다.

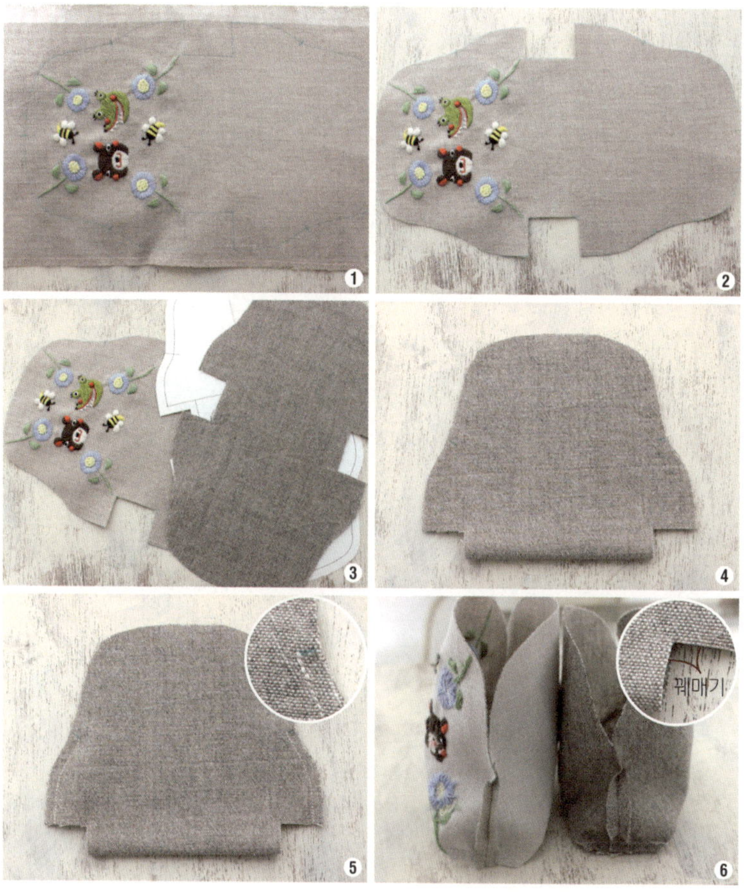

7 짙은 색의 안감을 사진처럼 살짝 오므려 6번의 왼쪽에 있는 겉감 안쪽으로 밀어 넣습니다.

8 이제 입구 쪽을 봉제할 차례입니다. 겉감의 뒷면에 사진처럼 창구멍을 6cm 정도 표시해준 후, 그 부분을 제외하고 바깥쪽을 박음질합니다. 겉감의 다른 쪽 면도 같은 방법으로 박음질합니다.

POINT 천의 겉과 속을 확인하세요. 겉감끼리 서로 맞대고 있는 모습일 겁니다.

9 이제 박음질하지 않은 6cm의 창구멍을 이용해 동전지갑을 뒤집어주고 온전한 지갑 모양이 잡히도록 잘 만져줍니다.

POINT 뒤집을 때 손톱으로 자수를 긁거나 흠집을 내지 않도록 하세요. 또한 뒤집을 때 힘을 너무 세게 가하면 박음질한 부분에 주름이 잡힐 수도 있으니 주의하세요.

10 이제 바느질하지 않은 6cm 창구멍의 겉감과 안감이 서로 틀어지지 않도록 바느질합니다. 이 부분은 동전지갑 프레임으로 가려지므로 보이지 않습니다.

11 동전지갑 프레임을 동전지갑에 고정하겠습니다. 먼저 동전지갑 프레임에 대바늘이나 나무꼬치 등으로 조심스럽게 본드를 바릅니다.

POINT 이때 본드 양이 너무 많아서 흘러나오지 않도록 주의하세요.

참고 이 동전지갑 프레임은 일본 제품으로 본드를 칠해서 천에 고정하게 되어 있는 반면, 국내 제품은 프레임에 구멍이 뚫려 그 구멍으로 박음질해 고정하도록 되어 있습니다. 각 제품에 따라 참고해서 이용하세요.

12 5분 정도 후에 본드가 반투명해지면서 반 정도 마른 상태가 됩니다.

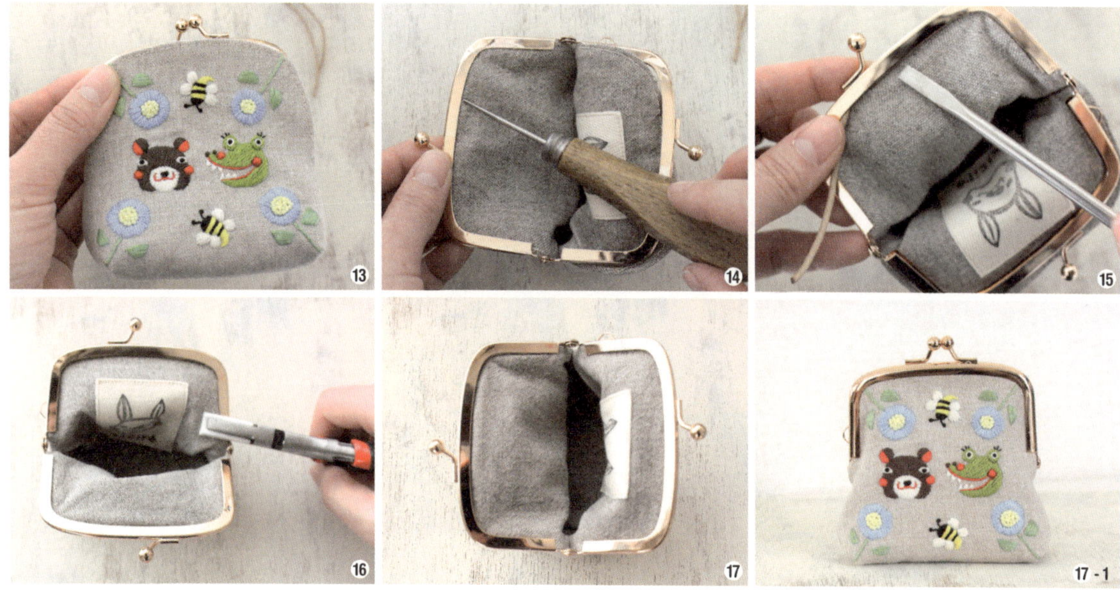
13 14 15 16 17 17 - 1

13 동전지갑 프레임과 동전지갑 자수 천의 중심이 잘 자리 잡았는지 확인하면서 프레임 안쪽에 자수 천을 붙입니다.

14 송곳으로 동전지갑 프레임의 안쪽으로 천을 밀어 넣으며 고정합니다.

POINT 이때 송곳으로 인해 천에 흠집이 나지 않도록 주의합니다.

15 이렇게 동전지갑을 완성해도 되지만 좀 더 단단하게 여미기 위해 종이끈을 이용하여 한 번 더 마무리하겠습니다. 겉감과 동전지갑 프레임 사이에 종이끈을 끼우고 고정해 주세요. 이때 핀셋 혹은 일자 드라이버를 사용합니다.

참고 프레임만 붙이면 떨어지기 쉬우니 종이끈을 이용해 한 번 더 고정하는 것이 좋습니다.

16 종이끈이 프레임 안으로 고정된 모습입니다. 동전지갑 프레임과 천이 맞닿은 부분을 펜치로 한 번 더 단단히 조여 주세요.

POINT 펜치의 흔적이 남지 않도록 천을 대고 조이는 것이 좋습니다. 이때 사용하는 펜치는 동전지갑 전용 펜치가 가장 좋지만 공구용 펜치도 상관없습니다.

17 깔끔하고 단단히 조여 동전지갑을 완성합니다. 혹시 모르니 잘 맞물리는지 프레임을 잠궜다가 다시 열어보세요.

②

새와 열매 자수 동전지갑 만들기

Ready to do

〖 도안 〗

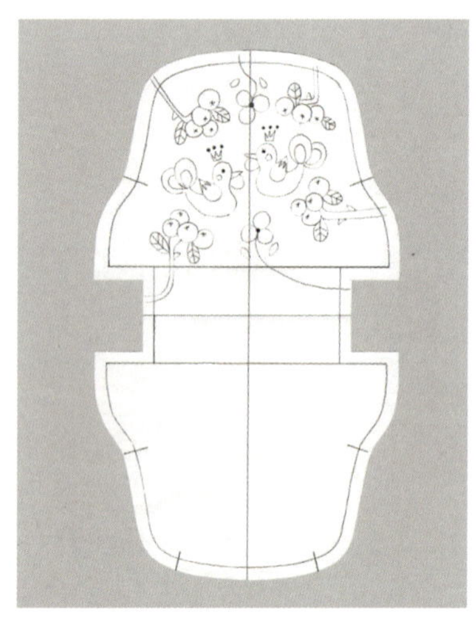

〖 스티치 〗

프렌치 노트 스티치, 스트레이트 스티치, 새틴 스티치, 아우트라인 스티치, 치치레의 Fill 스티치

〖 크기 〗

가로 9.0cm×세로 9.0cm

〖 컬러 〗

ECRU 307 310 420 666 809 838 868 890 939 3350

- **원 모양의 머리 갈기** : 838번사 1올로 3회 감아 프렌치 노트 스티치
- **왕관 모양의 머리 갈기, 날개 끝, 꼬리 안쪽** : 838번사 2올로 새틴 스티치
- **몸통** : ECRU사 2올로 몸통을 메운 후 치치레의 Fill 스티치

1 57쪽을 참고해 새를 수놓습니다.

2 3350번사 2올로 도안의 하단 오른쪽의 열매를 수놓습니다. 먼저 '✳' 모양으로 스트레이트 스티치하고 그 위를 새틴 스티치로 덮어 입체감 있는 열매를 만듭니다.

3 420번사 2올로 스트레이트 스티치해 잎맥을 수놓고, 890번사 2올로 잎맥 방향을 따라 나뭇잎을 새틴 스티치합니다.

4 나뭇가지는 868번사 2올로 새틴 스티치하되 사선 방향으로 수놓습니다. 먼저 전체적으로 듬성듬성 수놓은 후 다시 한 번 꼼꼼히 메워 줍니다.

5 310번사 1올로 붉은 열매 위에 '✳' 모양으로 스트레이트 스티치해 열매의 꼭지를 만듭니다.

6 이번에는 새의 아래쪽에 꽃을 만들어줄 차례입니다. 939번사 2올로 3회 감아 프렌치 노트 스티치하고 스트레이트 스티치를 '✳' 모양으로 각각 4~5회 수놓습니다. 꽃잎은 809번사 2올로 꽃잎이 난 방향대로 새틴 스티치합니다.

7 잎은 890번사 2올로 새틴 스티치하고 줄기는 아우트라인 스티치합니다.

8 2~7번 과정을 반복해 사진처럼 도안 상단의 꽃과 열매나무를 수놓아 완성합니다.

③

달팽이와 동백 자수 동전지갑 만들기

Ready to do

〖 도안 〗

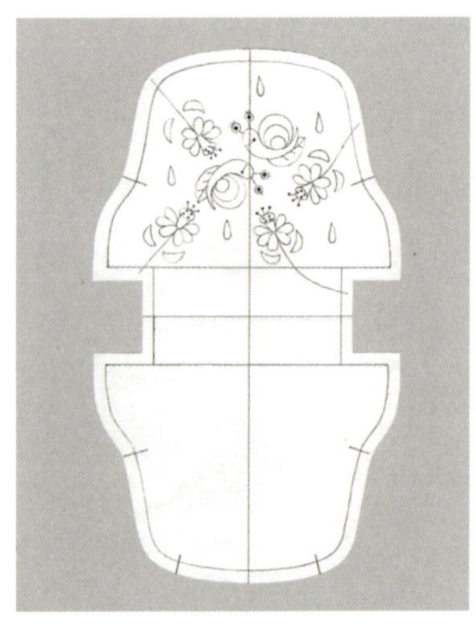

〖 스티치 〗

프렌치 노트 스티치, 스트레이트 스티치, 새틴 스티치, 아우트라인 스티치

〖 크기 〗

가로 9.0cm×세로 9.0cm

〖 컬러 〗

ECRU 310 434 445 666 838
906 3325 3346 3779

1 먼저 달팽이부터 만들어 줍니다. 달팽이의 등껍질은 사진의 방향을 참고해 434번사 2올과 3325번사 2올로 새틴 스티치해 수놓습니다.

2 몸통은 ECRU사 2올로 새틴 스티치하되, 사진처럼 몸통 모양을 따라 전체적으로 성글게 수놓은 다음 다시 한 번 촘촘하게 메워 줍니다.

3 310번사 1올로 3회 감아 프렌치 노트 스티치하고, '*' 모양으로 2~3회 스트레이트 스티치해 검은 눈동자를 수놓습니다.

PAGE 프렌치 노트 스티치 + 스트레이트 스티치 37쪽

4 눈의 흰자는 62쪽의 '스마일 돌고래 동물 브로치 만들기'를 참고해 ECRU사 1올로 아우트라인 스티치로 수놓습니다.

PAGE 아우트라인 스티치 41쪽

5 속눈썹과 더듬이는 ECRU사 1올로 스트레이트 스티치해 수놓습니다.

PAGE 스트레이트 스티치 33쪽

6 입과 볼은 666번사 1올을 이용하되, 입은 아우트라인 스티치로 수놓고볼은 3회 감아 프렌치 노트 스티치합니다.

7 이제 꽃을 만들 차례입니다. ECRU사 2올로 꽃의 중심을 세로 방향으로 새틴 스티치하고, 445번사 2올로 꽃 중심의 윗부분을 가로 방향으로 새틴 스티치합니다.

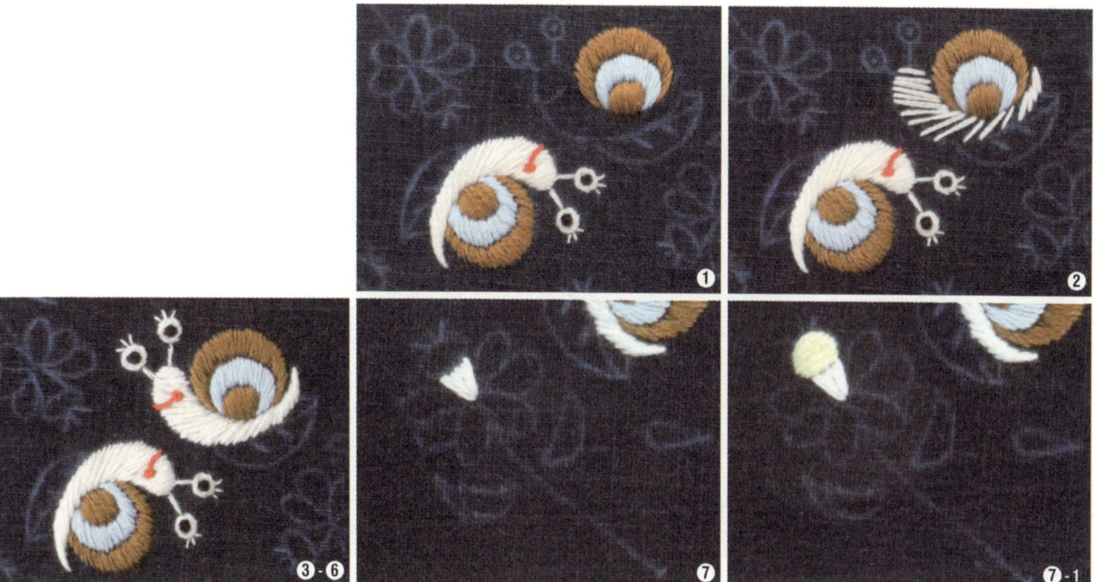

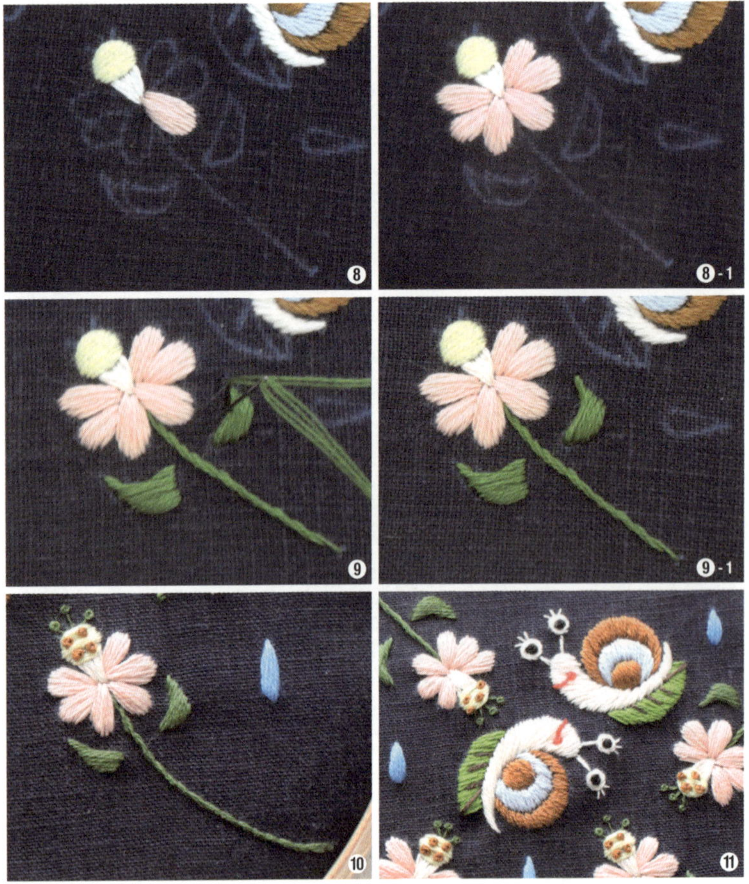

8 꽃잎은 3779번사 2올로 꽃잎이 난 방향대로 새틴 스티치합니다.

9 줄기는 3346번사 2올로 아우트라인 스티치, 잎은 새틴 스티치하되 뾰족한 부분에서 넓은 부분으로 그리고 줄기를 향해 수놓습니다.

10 계속해서 꽃술을 만듭니다. 위쪽의 수술은 3346번사 1올로 3회 감아 프렌치 노트 스티치하고, 아래쪽의 암술은 434번사 2올을 이용해 프렌치 노드 스티치합니다.

11 달팽이 밑에 깔린 잎은 906번사 2올로 사진처럼 새틴 스티치하고, 838번사 2올로 스트레이트 스티치해 수놓습니다.

POINT 달팽이 몸통에 깔려 보이지 않는 잎의 반대쪽과 중앙의 잎맥을 상상하여 스티치의 방향이 잎맥을 향하게 합니다.

④

토끼와 하마 자수 동전지갑 만들기

Ready to do

〖 도안 〗

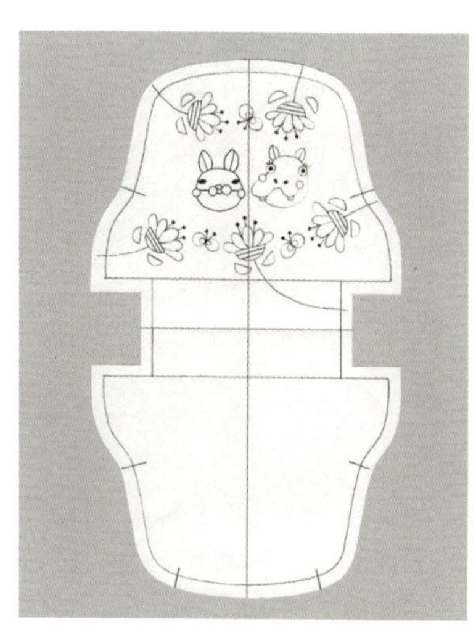

〖 스티치 〗

새틴 스티치, 스트레이트 스티치, 프렌치 노트 스티치, 백 스티치, 아웃트라인 스티치

〖 크기 〗

가로 9.0cm×세로 9.0cm

〖 컬러 〗

ECRU 307 310 420 666 760 838 906 939 3325 3712 3895

1 토끼와 하마 얼굴은 66쪽과 75쪽을 참고해 수놓습니다.

2 토끼와 하마 아래쪽의 꽃잎은 307번사 2올로 성글게 스트레이트 스티치한 후 다시 한 번 촘촘히 새틴 스티치로 수놓으면 조금 더 입체감 있는 꽃잎을 만들 수 있습니다.

POINT 입체감을 표현하고 싶을 때 스트레이트 스티치로 기본 두께를 만들고 그 위에 새틴 스티치를 하면 효과적입니다. 이 책에서 자주 사용하는 프렌치 노트 스티치와 스트레이트 스티치의 혼용도 마찬가지 원리입니다.

3 2번과 같은 방법으로 나머지 꽃잎도 수놓습니다. 이렇게 반복하면 입체적인 꽃이 만들어집니다.

4 꽃받침과 잎은 906번사 2올로 새틴 스티치하고 방향은 사진을 참고합니다. 잎을 수놓을 때는 안쪽을 바라보게끔 하고 줄기는 아우트라인 스티치로 수놓습니다.

5 꽃술은 838번사 2올로 3회 감아 프렌치 노트 스티치하고, 꽃술 대는 스트레이트 스티치합니다. 그리고 ECRU사 2올로 스트레이트 스티치해 사진처럼 흰색 스트라이프 패턴을 만들어 꽃받침을 표현해 줍니다.

6 이번에는 나비를 수놓을 차례입니다. 939번사 2올을 2회 감아 프렌치 노트 스티치하고, '*' 모양으로 2~3회 스트레이트 스티치합니다.

7 나비의 양쪽 날개는 3325번사 2올을 이용해 사진과 같은 방향으로 새틴 스티치합니다. 이때 뒤의 8번에서 백 스티치를 좀 더 수월하게 하기 위해 양 날개 사이에 실 1올 정도의 간격을 남겨두세요.

8 사진을 참조해 3721번사 1올로 날개 바깥쪽 테두리를 백 스티치합니다. 더듬이는 939번사 1올로 스트레이트 스티치하고, 더듬이 끝은 3회 감아 프렌치 노트 스티치해 마무리합니다.

9 나머지 꽃과 나비를 2~8번과 같은 방법으로 수놓아 완성합니다.

②

다양한 패턴으로 파우치 만들기

Design Pouchi with Animal and Plant Patterns

1. 판다와 여우, 식물 자수 파우치 만들기

2. 강아지와 곰돌이, 꽃 자수 파우치 만들기

①

판다와 여우, 식물 자수 파우치 만들기

Ready to do

〖 도안 〗

※100% 크기 자수 도안은 책밥(www.bookisbab.co.kr) 게시판에서 다운로드할 수 있습니다.

〖 스티치 〗

프렌치 노트 스티치, 스트레이트 스티치, 새틴 스티치, 백 스티치, 아웃트라인 스티치

〖 크기 〗

가로 12.0cm×세로 8.5cm

〖 컬러 〗

ECRU 307 310 400 666 738 890 905 939 951 3821

1 88쪽과 70쪽을 참고해 판다와 여우 얼굴을 수놓습니다.

2 판다와 여우의 몸통은 모두 새틴 스티치하되 방향을 서로 다르게 해 면을 구분해 줍니다. 단, 판다의 치맛단과 여우가 입은 상의의 곡선은 아우트라인 스티치로 수놓아 줍니다.

3 하트는 양쪽으로 대칭되게 새틴 스티치해 수놓습니다.

4 905번사 2올로 3회 감아 프렌치 노트 스티치하고, '✳' 모양으로 3~4회 정도 스트레이트 스티치해 꽃잎의 중심을 수놓습니다.

5 307번사 2올로 꽃잎 중심의 주위를 따라 3회 감아 프렌치 노트 스티치해 동그랗게 수놓습니다.

6 꽃잎은 ECRU사 2올로 새틴 스티치하되, 꽃잎이 난 방향대로 각각 수놓습니다.

7 잎은 905번사 2올과 890번사 2올을 번갈아가면서 새틴 스티치해 수놓습니다.

8 딸기는 666번사 2올을 이용해 세로 방향으로 새틴 스티치해 수놓습니다.

9 딸기 씨는 3821번사 2올로 스트레이트 스티치하되, 사선 방향으로 짧게 수놓습니다.

10 도안 양쪽의 둥근 열매는 666번사 2올을 이용해 '✳' 모양으로 스트레이트 스티치한 후 그 위를 새틴 스티치로 덮어 입체감 있게 수놓습니다.

11 열매 아랫부분의 잎은 3821번사 2올로 새틴 스티치하고, 줄기는 ECRU사 2올로 백 스티치합니다.

① 판다
- **옷** : 310번사 2올, ECRU사 2올
- **팔·다리** : ECRU사 2올
- **신발** : 666번사 2올

② 여우
- **상의** : 939번사 2올, ECRU사 2올, 400번사 2올
- **하의** : 666번사 2올
- **팔·다리** : 738번사 2올
- **신발** : 939번사 2올

파우치 만들기

Ready to do

〖 도안 〗

겉감과 안감 모두 동일

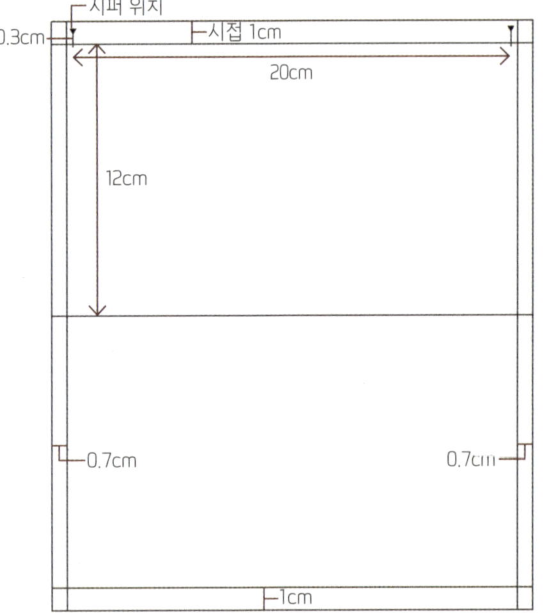

〖 크기 〗

파우치 완성품 크기 : 가로 20cm×세로 12cm

〖 준비물 〗

안감, 지퍼 20cm짜리 , 바이어스 테이프, 시침핀, 재봉틀

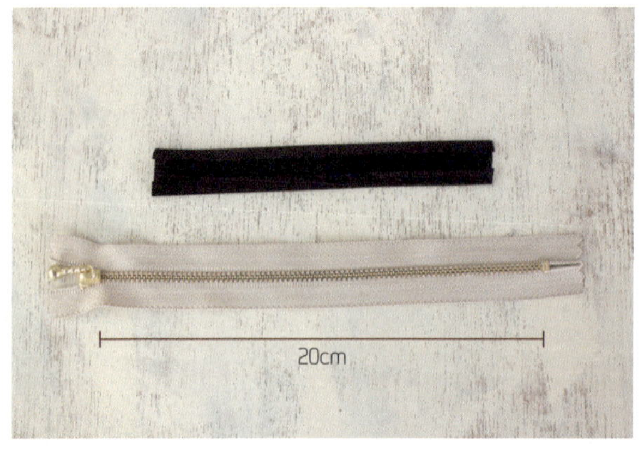

1 자수를 놓은 천에 패턴을 그린 후 그대로 자릅니다.
참고 천을 잘 보면서 비스듬히 자르지 않도록 주의하세요.

2 사진처럼 자수를 놓은 천 위에 지퍼를 올려놓습니다.
POINT 지퍼의 겉과 속을 반드시 확인하세요. 지퍼의 겉면과 천의 겉면을 마주 댄 상태입니다.

3 사진처럼 지퍼 끝을 삼각형 모양으로 접습니다.

4 3번의 지퍼와 천이 맞닿은 부분을 시침질해 지퍼를 천에 고정합니다. 이때 시접은 0.5cm 정도로 합니다.
POINT 바늘땀이 성겨져도 괜찮습니다.
참고 시접 : 옷감을 이을 때 생기는 솔기 또는 그 솔기가 접혀 들어간 부분

5 재봉틀 옵션을 '지퍼 누르기'로 변경하고 3번 위에 안감의 안쪽이 위로 가도록 올려 겹쳐놓은 후, 시접을 1cm 정도 남기고 3장을 한꺼번에 촘촘하게 박습니다.

6 5번의 안감을 겉감 안쪽으로 뒤집고 사진처럼 다른 천을 대고 안감이 잘 넘어가도록 다립니다.
POINT 지퍼의 금속 부분이 다리미의 열기 때문에 뜨거워지므로 손을 데지 않도록 주의하세요.

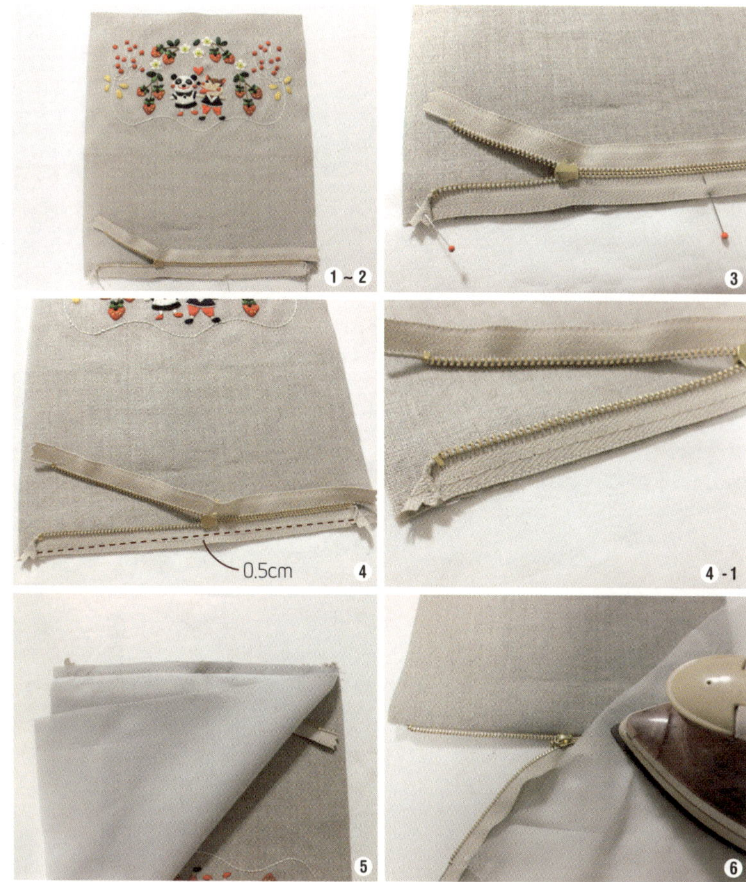

7 지퍼와 겉감이 맞닿은 곳을 재봉틀로 바짝 눌러 박기합니다.
참고 이렇게 바짝 눌러 박는 방법을 재봉틀 용어로는 '코바 스티치', 손바느질에서는 '상침질'이라고 합니다.

8 2~7번 과정을 반복해 반대쪽에도 지퍼를 달아줍니다. 아래 사진은 지퍼가 양쪽 모두 고정된 파우치의 안쪽 모습입니다.

9 겉감과 안감의 세로 선을 한 번에 꿰매 세로 방향으로 봉제합니다. 이때 지퍼와 입구 부분을 잡아주기 위해 준비한 바이어스 테이프를 같이 꿰맵니다. 사진처럼 테이프의 시접과 파우치의 시접이 동일하게 0.7cm가 되도록 포개어 꿰매 줍니다.

10 테이프의 끝을 접어 시접을 깔끔하게 처리합니다.

11 사진처럼 9~10번에서 바느질한 테이프를 바깥쪽으로 오게 한 후 다림질하고, 바이어스 테이프를 반으로 접어 눌러 박기합니다. 이 과정을 반복해 다른 쪽도 같은 방법으로 마무리합니다.

12 지퍼 구멍을 통해 그대로 뒤집으면 자수 파우치가 완성됩니다.
POINT 파우치를 뒤집을 때 자수가 지퍼에 걸리지 않도록 주의하세요.

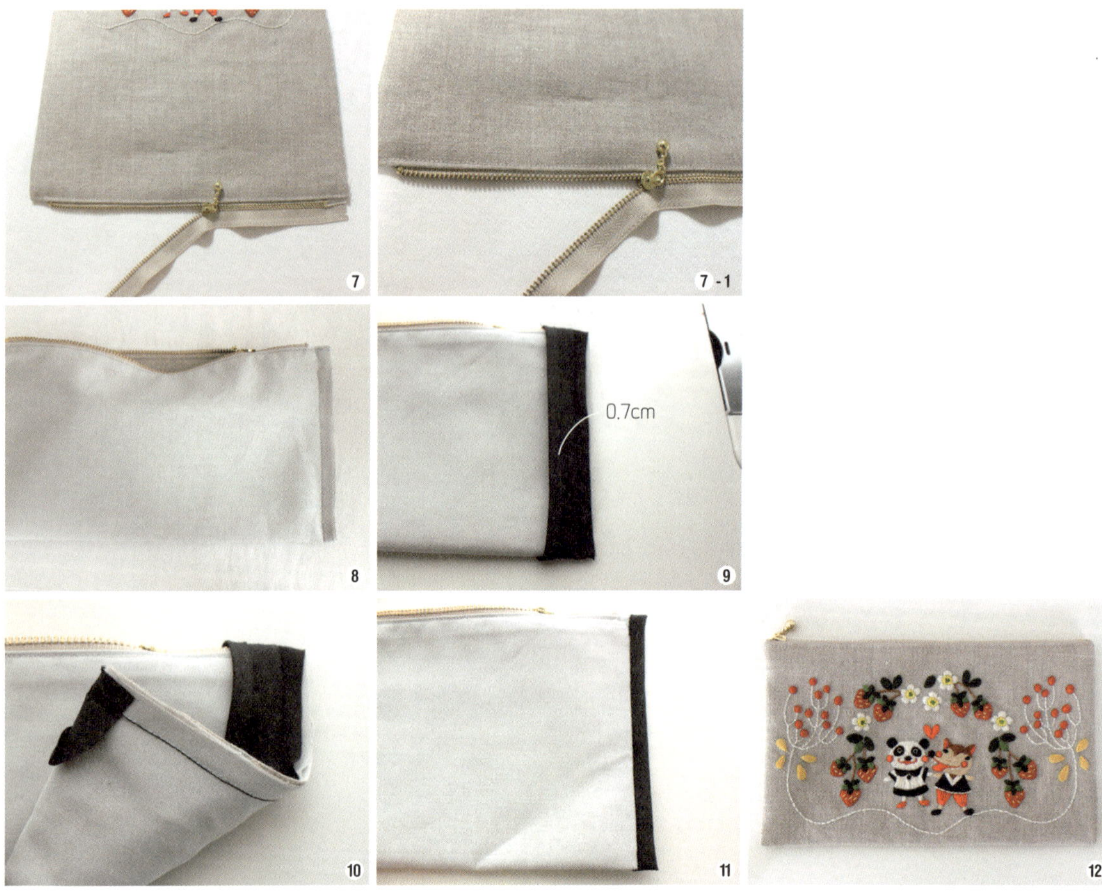

강아지와 곰돌이, 꽃 자수 파우치 만들기

Ready to do

〖 도안 〗

※100% 크기 자수 도안은 책밥(www.bookisbab.co.kr) 게시판에서 다운로드할 수 있습니다.

〖 스티치 〗

프렌치 노트 스티치, 스트레이트 스티치, 새틴 스티치, 백 스티치, 아우트라인 스티치

〖 크기 〗

가로 12.0cm×세로 8.5cm

〖 컬러 〗

ECRU 307 310 420 666 747
760 809 890 905 939 955
975 3021 3712 3779 3843

1 80쪽과 69쪽을 참고해 강아지와 곰돌이 얼굴을 수놓습니다. 그리고 모자는 100쪽을 참고합니다.

2 강아지와 곰돌이의 몸통, 팔다리, 옷은 사진의 방향을 참고해 새틴 스티치하고, 옷의 줄무늬는 스트레이트 스티치, 곡선은 아우트라인 스티치, 곰돌이의 옷깃 끝은 백 스티치합니다.

3 도안 하단의 해바라기 꽃은 중심부의 바깥쪽부터 307번사 2올로 3회 감아 프렌치 노트 스티치하고, 안쪽도 모두 같은 방법으로 메워 줍니다.

4 해바라기의 꽃잎도 한쪽으로 모아지도록 ECRU사 2올로 새틴 스티치합니다.

5 강아지와 곰돌이 양쪽에 있는 꽃들은 꽃 중심 → 꽃잎 → 줄기 → 잎 → 꽃봉오리 순으로 수놓습니다. 먼저 꽃의 중심은 3021번사 2올로 가장 안쪽부터 프렌치 노트 스티치한 후 다시 그 주변을 빙 돌려 ECRU사 2올로 프렌치 노트 스티치합니다.

6 꽃잎은 3843번사 2올과 666번사 2올을 새틴 스티치해 꽃을 각각 수놓되, 꽃잎이 난 방향을 고려해 수놓습니다.

7 905번사 2올로 아우트라인 스티치로 꽃의 줄기를 수놓고 잎은 새틴 스티치합니다. 그리고 각각의 꽃마다 666번사 2올로 3회 감아 프렌치 노트 스티치해 작은 꽃봉오리를 만들어 줍니다.

8 리본은 3712번사 2올로 전체적으로 성글게 스트레이트 스티치한 후 다시 한 번 촘촘하게 면을 메워 줍니니다. 리본의 아래쪽은 아우트라인 스티치를 이용하여 곡선 형태로 수놓습니다.

① 강아지
- **팔다리** : ECRU사 2올
- **조끼** : 조끼 테두리 & 단추 : 809번사 2올
- **바지** : 939번사 2올
- **신발** : 666번사 2올

② 곰돌이
- **팔다리** : 975번사 2올
- **상의 옷깃과 치마** : 3779번사 2올
- **다리 줄무늬** : 747번사 2올
- **신발과 상의 줄무늬** : 760번사 2올

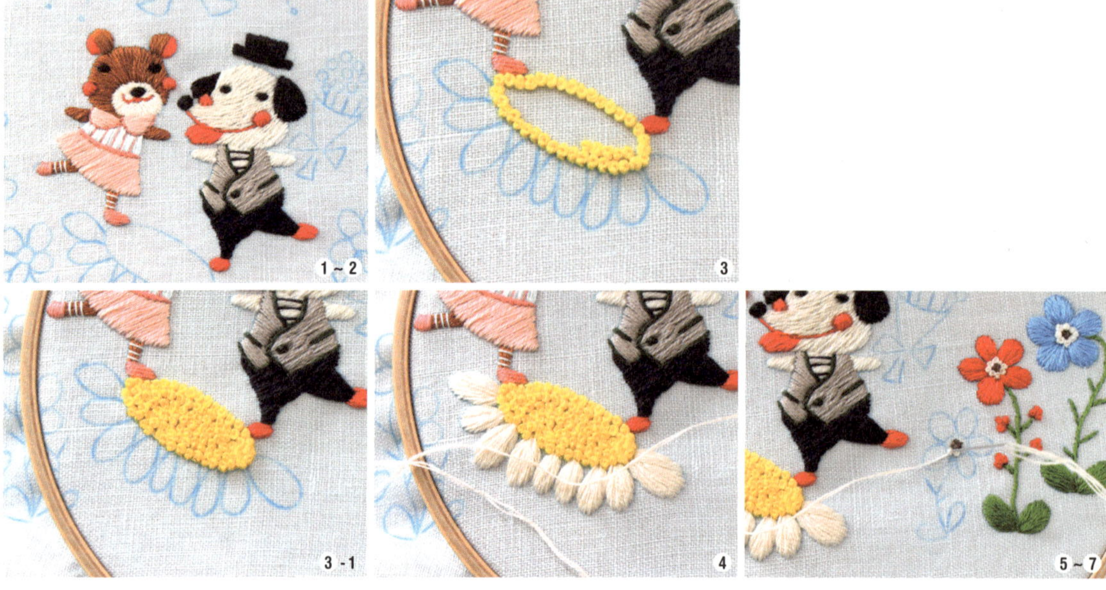

9 이제 강아지가 들고 있는 꽃다발을 수놓을 차례입니다. 포장지는 ECRU사 2올로, 리본은 666번사 2올로 새틴 스티치합니다.

10 꽃은 프렌치 노트 스티치 위에 스트레이트 스티치합니다. 이때 꽃의 컬러는 760번사 2올과 955번사 2올, 809번사 2올을 이용합니다.

11 줄기와 잎은 905번사 2올로 성글게 스트레이트 스티치하고, 포장지 상단의 끝은 666번사 2올로 백 스티치합니다.

12 가랜드는 삼각형의 꼭짓점이 몰리는 상단을 향해 새틴 스티치하되, 3712번사 2올과 ECRU사 2올로 번갈아 면을 수놓습니다.

POINT 바늘이 몰리는 부분에 구멍이 생기지 않도록 주의하세요.

13 가랜드 하단의 줄은 모두 955번사 2올로 백 스티치합니다. 이때 가랜드의 장신구슬은 3회 감아 프렌치 노트 스티치합니다.

14 137쪽과 50쪽을 참고해 나비와 새를 수놓습니다.

15 2~14번을 반복해 나머지를 모두 수놓아 완성합니다.

3

좌우대칭 지갑 만들기

Wallet Design with Various Patterns

1. 고양이와 토끼, 버섯 자수 지갑 만들기

2. 고래와 새, 별 자수 지갑 만들기

3. 사자, 다람쥐, 나비와 꽃 자수 지갑 만들기

①

고양이와 토끼, 버섯 자수 지갑 만들기

Ready to do

〖 도안 〗

〖 스티치 〗

프렌치 노트 스티치, 스트레이트 스티치, 새틴 스티치, 아우트라인 스티치

〖 크기 〗

가로 12.0cm×세로 8.5cm

〖 컬러 〗

ECRU ● 310 ● 321 ● 420 ● 775 ● 666 ● 905 ● 975 ● 3760

※100% 크기 자수 도안은 책밥(www.bookisbab.co.kr) 게시판에서 다운로드할 수 있습니다.

1 68쪽과 66쪽을 참고해 고양이와 토끼를 수놓습니다.

2 고양이의 검은 모자와 리본은 310번사 2올로 새틴 스티치합니다.

3 도안 하단의 이파리 줄기는 905번사 2올로 아우트라인 스티치로 수놓고, 잎은 새틴 스티치합니다.

4 이제 버섯을 수놓을 차례입니다. 버섯의 줄기는 ECRU사 2올로 아우트라인 스티치로 수놓고, 같은 실로 버섯 갓의 둥근 점을 3회 감아 프렌치 노트 스티치한 후, '✳' 모양으로 8~10회 정도 스트레이트 스티치합니다.

5 321번사 2올로 버섯 갓의 모양을 따라 전체적으로 성글게 스트레이트 스티치한 후 다시 한 번 촘촘하게 면을 채워 줍니다.

POINT 버섯의 갓은 입체감이 살아 있을수록 예쁘므로 스티치를 몇 회 정도 더 반복해 충분히 수놓으세요.

6 버섯의 줄기는 975번사 2올로 새틴 스티치하고 같은 실(ECRU사 2올)로 버섯 줄기의 작은 열매를 스트레이트 스티치한 후 다시 한 번 3회 감아 프렌치 노트 스티치합니다.

7 버섯의 속 주름은 775번사 2올로 스트레이트 스티치해 수놓습니다.

8 4~7번 과정을 반복해 나머지 버섯을 모두 수놓습니다.

9 321번사 2올로 토끼의 리본을 새틴 스티치해 수놓습니다. 그리고 905번사 2올로 나머지 잎을 모두 새틴 스티치하고, 하단의 초록잎 줄기의 양 옆을 3760번사 1올로 3회 감아 프렌치 노트 스티치해 사진과 같이 완성합니다.

10 동물과 버섯 자수 지갑이 완성된 모습입니다. 지갑을 만드는 방법은 126쪽의 동전 지갑 만들기 과정과 동일하며 패턴은 부록의 패턴을 이용하고 지갑 프레임은 12cm짜리를 이용합니다.

②

고래와 새, 별 자수 지갑 만들기

Ready to do

〖 도안 〗

※100% 크기 자수 도안은 책밥(www.bookisbab.co.kr) 게시판에서 다운로드할 수 있습니다.

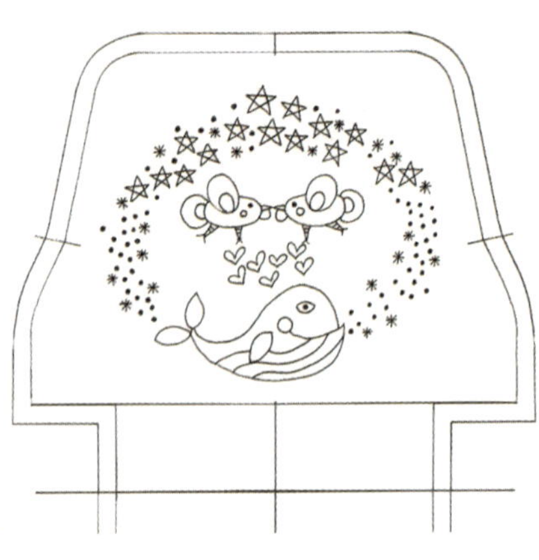

〖 스티치 〗

프렌치 노트 스티치, 스트레이트 스티치, 새틴 스티치, 레이지 데이지 스티치, 아우트라인 스티치, 치치레의 Fill 스티치

〖 크기 〗

가로 12.0cm×세로 8.5cm

〖 컬러 〗

ECRU 307 310 321 420 666 775 975 3072 3843

① 고래

- **볼** : 666번사 2올로 3회 감아 프렌치노트 스티치하고, '✳' 모양으로 스트레이트 스티치 8회
- **입** : 666번사 2올로 아우트라인 스티치
- **몸통** : 3843번사 2올로 치치레의 Fill 스티치
- **눈** : ECRU사 1올로 새틴 스티치 / 310번사 1올로 프렌치 노트 스티치
- **배지느러미** : 975번사 2올로 아우트라인 스티치
- **배** : ECRU사 2올로 새틴 스티치

② 새 컬러

ECRU, 310, 420, 666, 775

1 64쪽과 50쪽을 참고해 고래와 새를 수놓습니다.

2 새 아래에 있는 하트는 사진처럼 321번사 2올로 양쪽을 레이지 데이지 스티치 한 후 그 위를 새틴 스티치로 채웁니다.

PAGE 레이지 데이지 스티치 + 새틴 스티치 39쪽

3 307번사 1올로 3회 감아 프렌치 노트 스티치해 작은 별을 수놓고, '✳' 모양으로 스트레이트 스티치해 중간 크기 별을 수놓은 다음, ☆ 모양으로 스트레이트 스티치해 큰 별을 수놓습니다.

4 계속해서 307번사 1올로 큰 별의 뾰족한 모서리 부분을 향해 스트레이트 스티치합니다.

5 모서리를 제외한 큰 별의 나머지 면적을 새틴 스티치로 채웁니다.

6 나머지 별들도 3~5번 과정을 반복해 수놓아 완성합니다.

③

사자, 다람쥐, 나비와 꽃 자수 지갑 만들기

Ready to do

〖 도안 〗

※100% 크기 자수 도안은 책밥(www.bookisbab.co.kr) 게시판에서 다운로드할 수 있습니다.

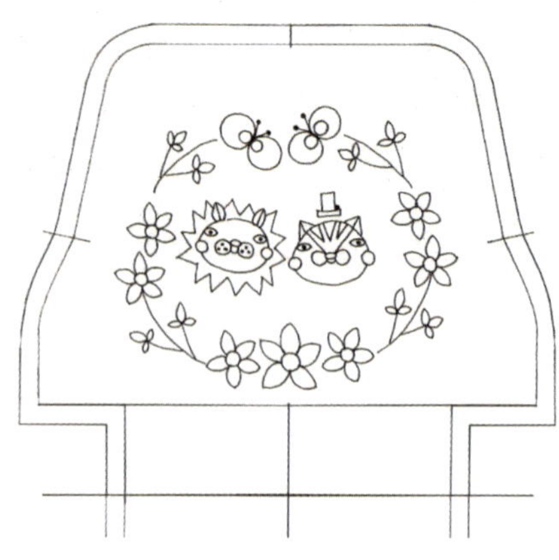

〖 스티치 〗

프렌치 노트 스티치, 스트레이트 스티치, 새틴 스티치, 레이지 데이지 스티치, 아우트라인 스티치

〖 크기 〗

가로 12.0cm×세로 8.5cm

〖 컬러 〗

ECRU 310 352 368 400 422 445 666 738 809 838 975 3843 3852

1 86쪽과 73쪽을 참고해 사자와 다람쥐를 수놓습니다.

2 나비는 809, 445, 3843번사로 137쪽을 참고해 수놓습니다.

3 이제 좌우로 펼쳐진 수선화를 수놓을 차례입니다. 수선화는 ECRU사 2올로 꽃이 피어난 방향대로 안쪽을 대략적으로 스트레이트 스티치한 후 다시 한 번 촘촘하게 새틴 스티치해 입체감 있는 꽃잎을 만듭니다. 352번사 2올로 3회 감아 프렌치 노트 스티치해 살구색 꽃술을 수놓습니다.

4 꽃의 줄기는 368번사 2올로 아우트라인 스티치로 수놓고, 꽃잎은 새틴 스티치합니다.

5 나머지 꽃, 줄기, 잎은 3~4번 과정을 반복해 수놓고 아직 피지 않은 꽃봉오리는 레이지 데이지 스티치한 후 그 위를 새틴 스티치로 수놓습니다.
PAGE 레이지 데이지 스티치 + 새틴 스티치 39쪽

6 310번사 2올로 새틴 스티치하고 666번사 2올로 3회 감아 프렌치 노트 스티치해 모자를 수놓습니다.

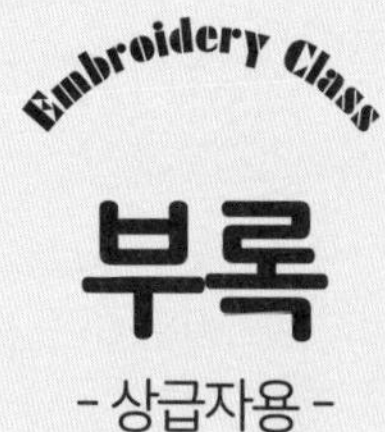

부록

- 상급자용 -

동물 패턴이 살아있는 생활용품 디자인

High Quality Life Props with Useful Animal Pattern

지금까지 동물 도안을 활용해 여러 가지 실용적인 자수와 소품을 만들어보았습니다. 이번 부록 편에서는 따라하는 과정은 생략하고 도안과 패턴을 제시해 여러분 스스로 수를 놓고 제품을 만들어보겠습니다. 다소 복잡해 보일 수도 있지만 막상 해보면 전혀 어렵지 않아요. 몇 가지 기본적인 도안과 스티치 방법을 이용해서 아기자기한 실용 에코백과 소녀 감성의 옷깃을 꾸며 포인트를 줘보세요. 물론 자수를 시작하기 전에 심지를 붙이는 거 잊지 마시고요!

아름다운 꽃과 귀여운 나비를 이용한

케이프 디자인

〖 도안 〗

※100% 크기 자수 도안은 책밥(www.bookisbab.co.kr) 게시판에서 다운로드할 수 있습니다.

〖컬러〗

○ ECRU ● 307 ● 310 ● 321 ● 335 ● 352 ● 434 ● 445 ● 739 ● 747 ● 809 ● 826 ● 838 ● 890 ● 900 ● 905 ● 939 ● 3821 ● 3852

〖 방향 〗

귀여운 동물과 아름다운 장미를이용한

케이프 디자인

〖 도안 〗

※100% 크기 자수 도안은 책밥(www.bookisbab.co.kr) 게시판에서 다운로드할 수 있습니다.

〖 컬러 〗

ECRU 307 420 739 817 838 890 975

739 975

〖 방향 〗

application

샤방샤방 여리여리한 소녀 감성 케이프 만들기

Ready to do

〖 패턴 〗

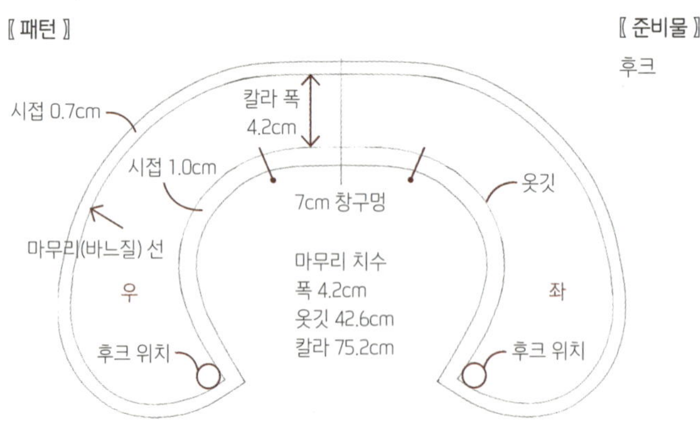

〖 준비물 〗

후크

How to make

1 심을 붙이고 자수한 천을 놓은 후 겉장과 안감을 패턴대로 재단합니다.

2 네크라인 수변은 1cm, 칼라 끝은 0.7cm 시접을 남기고 목 안쪽에 창구멍을 7cm 남긴 다음 겉감과 안감의 표면을 마주대고 박음질합니다.

참고 뒤집기 위해 봉제하지 않고 남겨놓은 부분을 창구멍이라고 합니다.

3 뒤집고 난 후 자연스럽도록 네크라인의 시접에 절개선을 촘촘하게 넣어 줍니다.

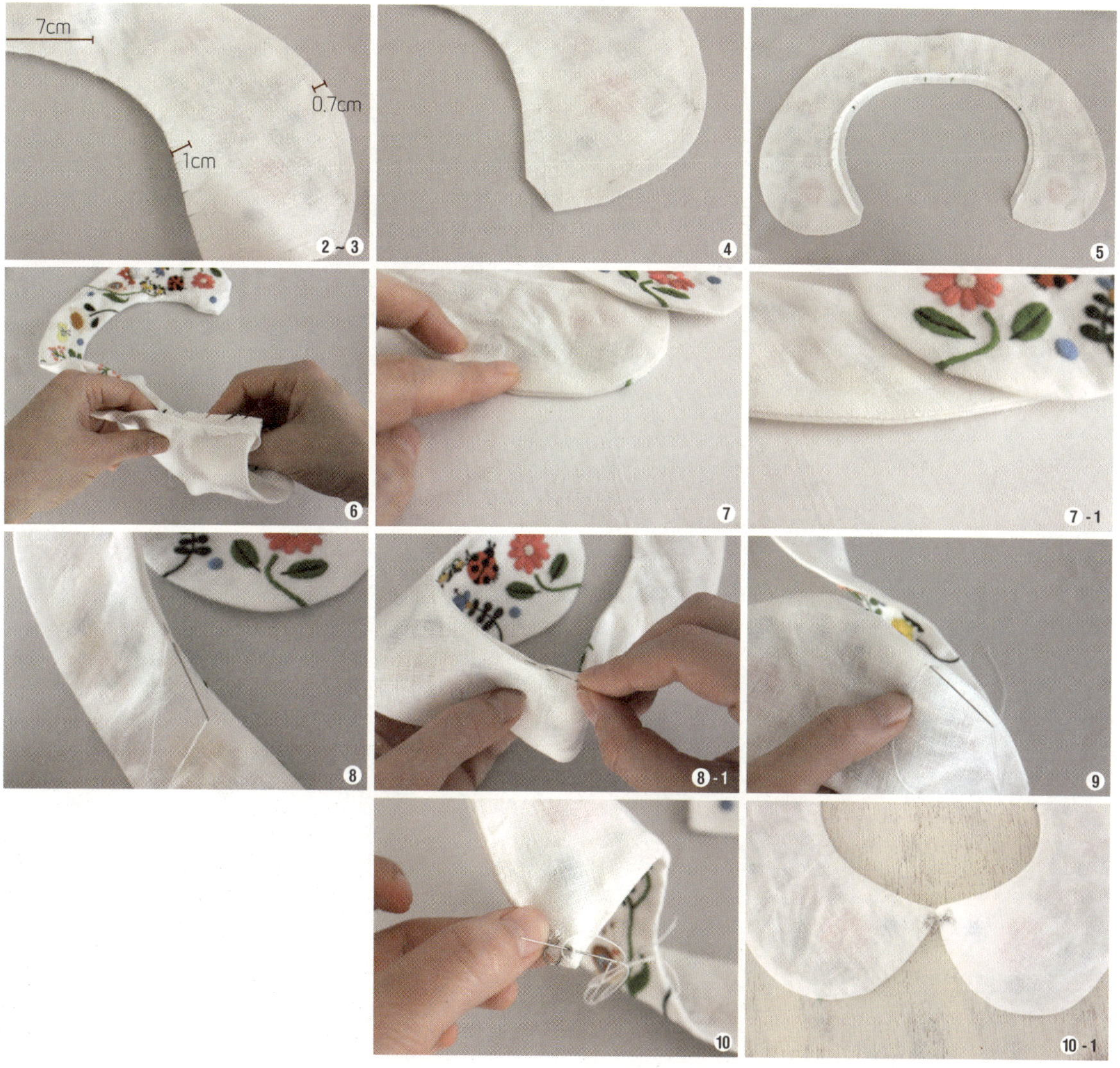

4 네크라인 쪽으로 모아지는 칼라의 뾰족한 부분의 시접은 사진처럼 잘라 줍니다. 그래야 봉제 후 뒤집었을 때 이 부분에 시접이 몰리지 않습니다.

POINT 이때 봉제선을 자르지 않도록 주의합니다.

5 사진처럼 다림질해 시접을 나누어 줍니다.

6 자수에 흠집이 나거나, 손에 걸리지 않도록 주의하면서 창구멍으로 조심스럽게 뒤집어줍니다.

7 바깥쪽으로 봉제선이 보이지 않도록 다림질합니다.

8 창구멍을 공그르기해 'ㄷ'자로 꿰맵니다.

9 케이프의 안쪽 부분을 상침해 칼라를 세웠을 때 안쪽이 들뜨지 않도록 해줍니다.

10 칼라 안쪽 끝에 후크를 달아 완성합니다.

달콤한 케이크와 아이스크림을 이용한

로맨틱 에코백 만들기

〘 도안 〙

※100% 크기 자수 도안은 책밥(www.bookisbab.co.kr) 게시판에서 다운로드할 수 있습니다.

〖 컬러 〗

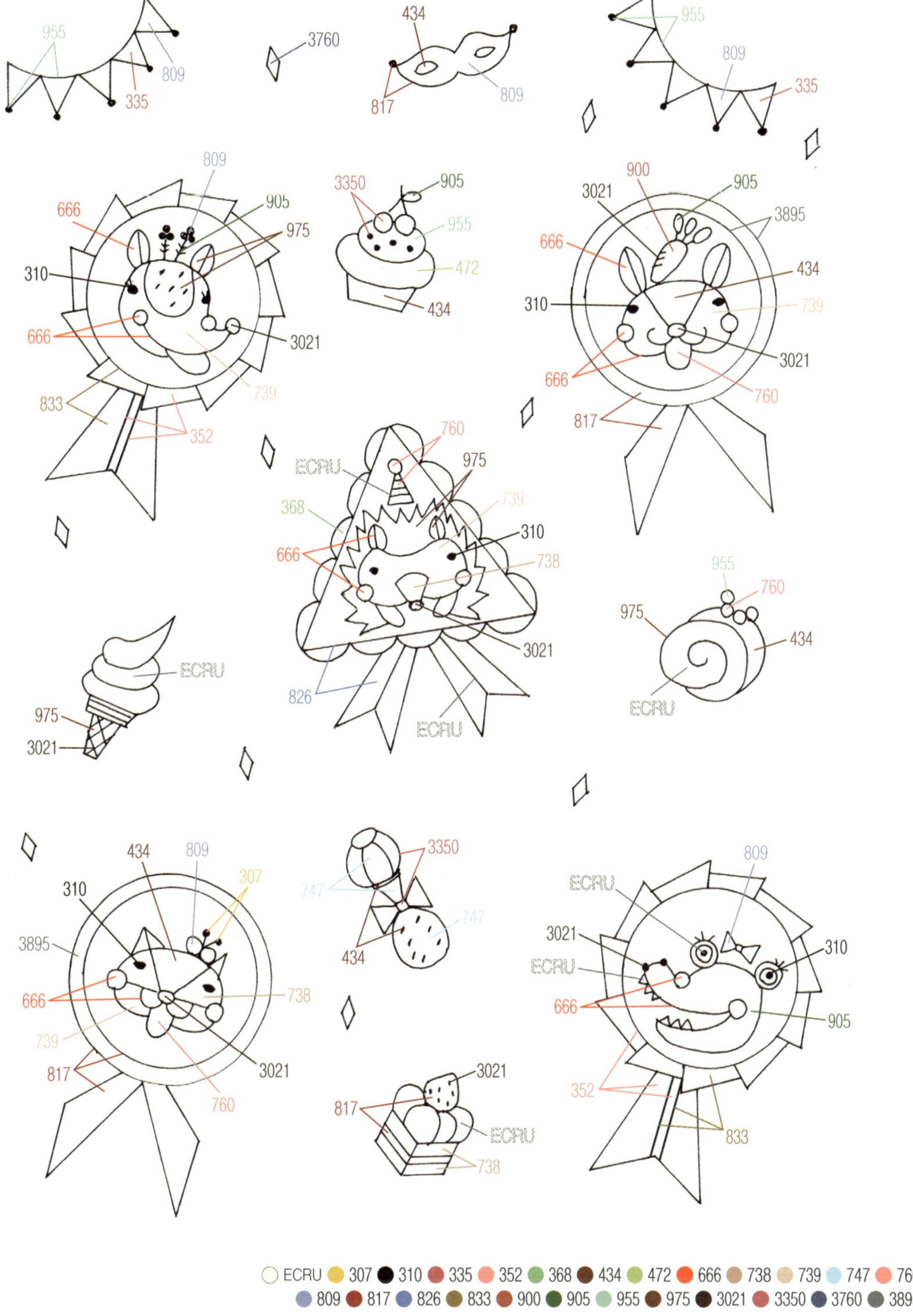

ECRU 307 310 335 352 368 434 472 666 738 739 747 760
809 817 826 833 900 905 955 975 3021 3350 3760 3895

〖 방향 〗

Make some
Make some

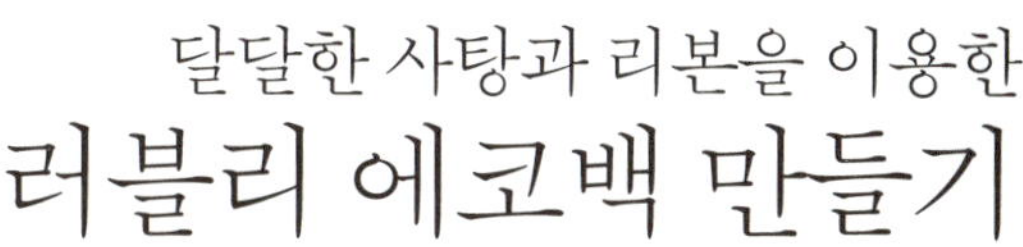

달달한 사탕과 리본을 이용한

러블리 에코백 만들기

〖 도안 〗

※100% 크기 자수 도안은 책밥(www.bookisbab.co.kr) 게시판에서 다운로드할 수 있습니다.

〖 컬러 〗

ECRU 307 335 400 434 445 666 738 739 809 817 825 883 913 939 955 3760 3779 3821

〖 방향 〗

아름드리 에코백 만들기

Ready to do

〖 크기 〗

가방 : 가로 23cm×세로 30cm / 손잡이 : 길이 36cm×폭 2.5 cm

참고 다소 아담한 크기의 에코백입니다. 큼직한 사이즈의 에코백을 만들고 싶다면 각자의 취향에 따라 크기를 키워도 무방합니다.

〖 준비물 〗

패턴대로 재단한 가방 몸판, 안감, 아대 2개, 손잡이 2개, 주머니 2개

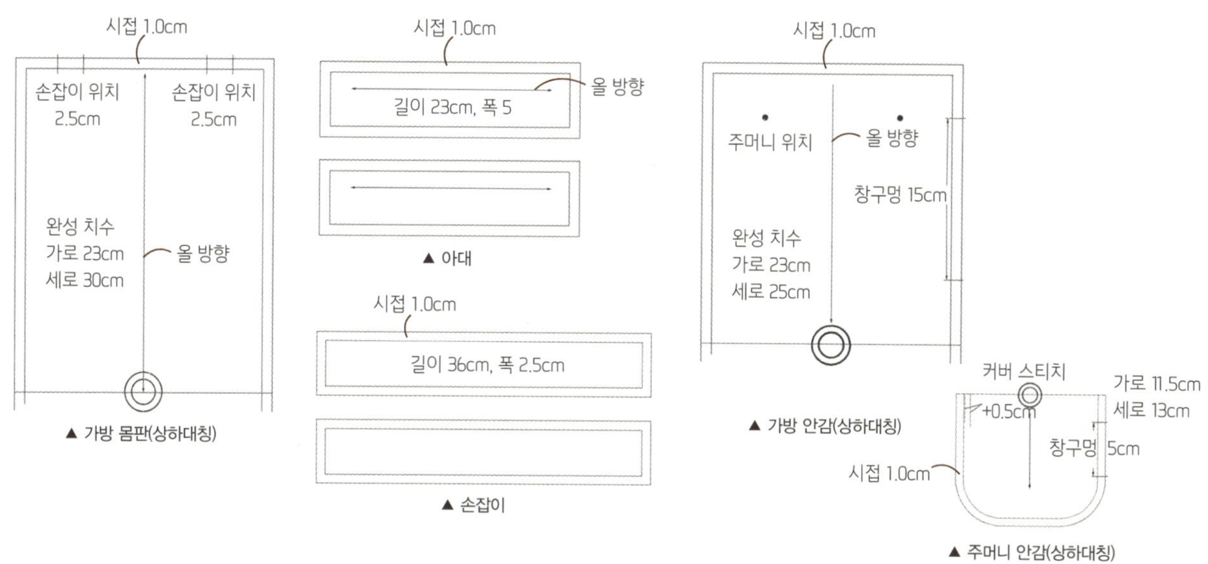

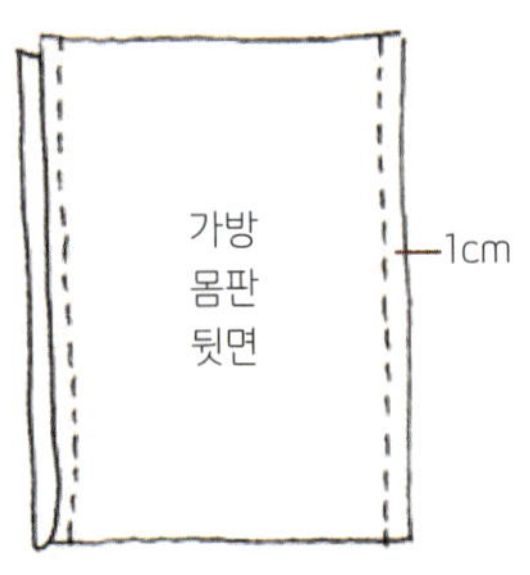

1 가방 몸판의 겉을 서로 마주대고 반으로 접어 양 옆의 시접을 1cm 남기고 박음질합니다.

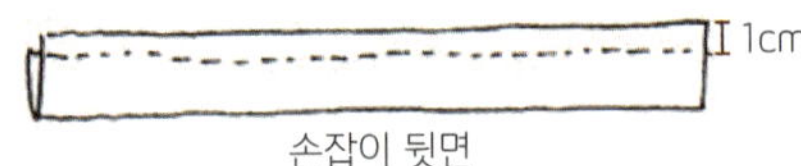

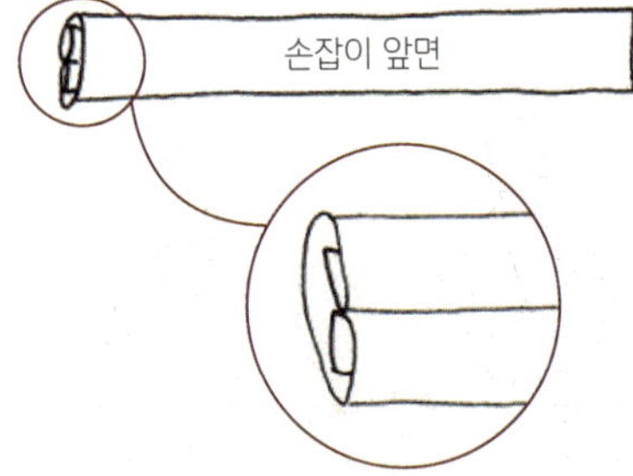

2 손잡이의 앞면이 안으로 가도록 접고 시접을 1cm 남긴 다음 박음질합니다.

3 2번을 뒤집어 솔기가 중앙에 오도록 하고 솔기 시접을 양쪽으로 나누고 다림질합니다.

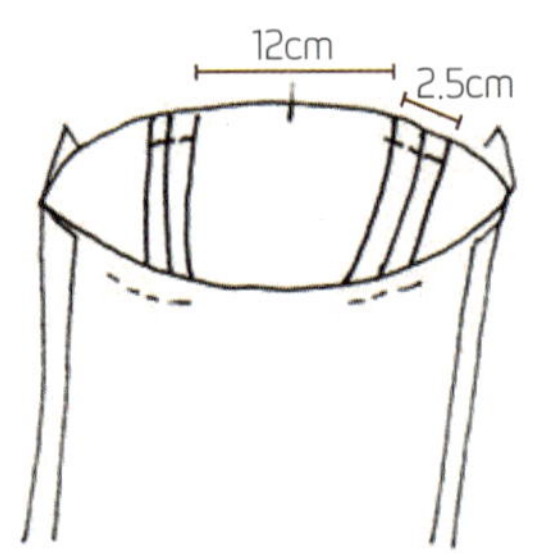

4 가운데를 12cm 남기고 그림과 같이 안으로 들어가 있는 가방 몸판 앞면에 박음질해 손잡이를 답니다.

POINT 패턴에 표시되어 있는 손잡이 위치에 정확하게 달아주세요.

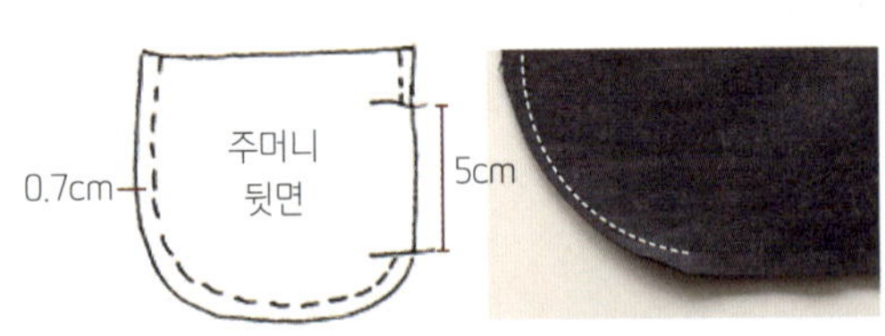

5 이제 주머니를 만듭니다. 패턴대로 재단한 주머니 2장을 앞면끼리 서로 마주대고 시접을 0.7cm 남긴 후 창구멍을 제외하고 모두 박음질해 봉제합니다.

참고 재봉 후 둥근 면은 바짝 자릅니다. 그래야 예쁘게 완성됩니다.

6 창구멍을 이용해 뒤집은 후 공그르기합니다.

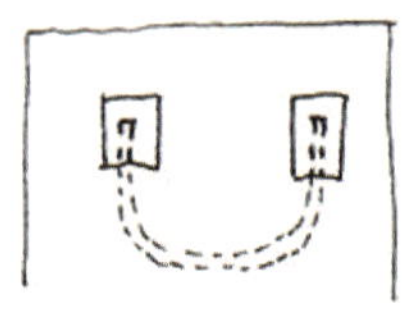

가방 안감 뒷면

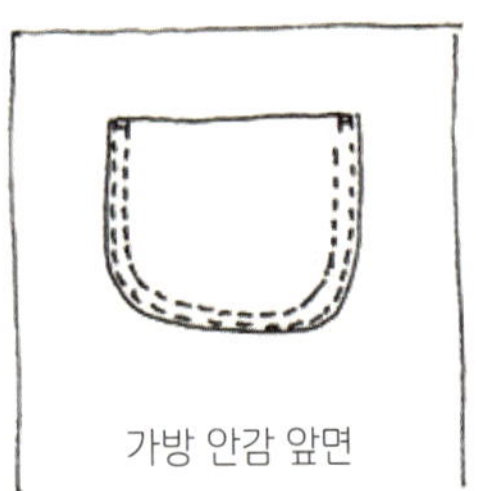

7 6번의 주머니를 0.5cm 폭으로 상침하고 가방 안감의 앞면에 박음질해 달아줍니다.

POINT 패턴에 표시되어 있는 주머니 위치에 정확하게 달아주세요.

8 가방 안감의 뒷면은 그림과 같이 바느질이 시작되는 부분에 보강 천을 대줍니다.

참고 보강 천을 대는 이유는 주머니를 사용할 때 찢어지지 않게 하기 위해서입니다. 크기나 재질은 크게 상관없으니 가방 몸판과 같은 천으로 바느질한 부위보다 조금 넉넉하게 잘라 달아주세요.

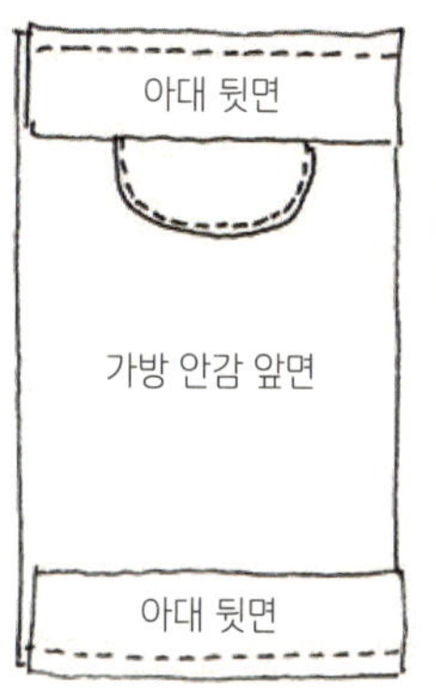

9 7번의 위아래로 아대의 뒷면이 위로 가도록 각각 놓고 박음질해 가방의 안감에 아대를 달아주세요.

아대 앞면

가방 안감 앞면

10 9번의 아대를 뒤로 넘겨 시접이 넘어지지 않도록 해준 다음 3장을 한 번에 박음질합니다.

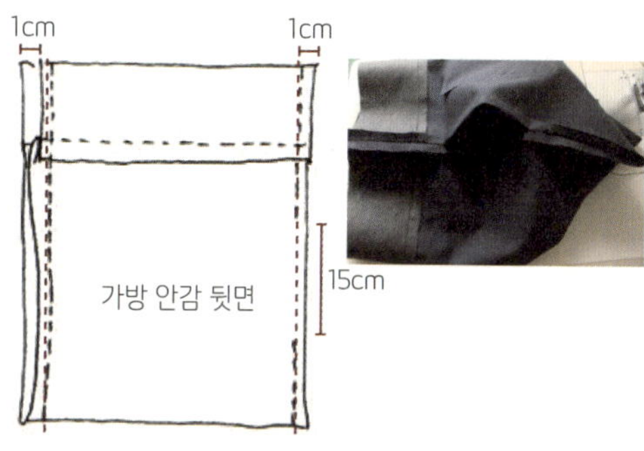

11 10번의 겉감이 서로 마주보도록 접고 창구멍을 15cm 남기고 시접은 1cm 남긴 후 양 옆면을 박음질합니다.

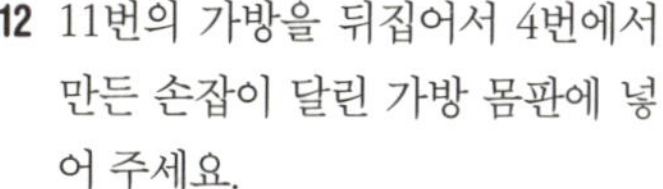

12 11번의 가방을 뒤집어서 4번에서 만든 손잡이 달린 가방 몸판에 넣어 주세요.

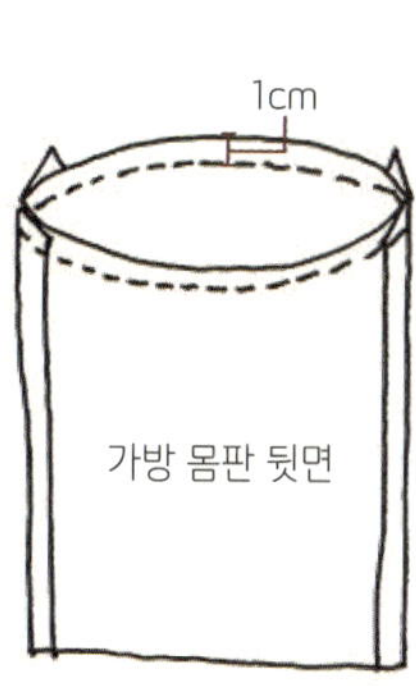

13 안감이 들어간 가방 몸판의 입구를 1cm 남기고 상침합니다.

완성된 모습

14 11번에서 남겨둔 창구멍으로 뒤집고 창구멍을 공구르기해 봉합합니다.